"十四五"时期国家重点出版物出版专项规划项目

"中国山水林田湖草生态产品监测评估及绿色核算"系列丛书

王 兵 ■ 主编

湖南省森林生态产品
绿色核算

周小玲　陈　波　杨海军　项文化　等 ■ 著
罗　佳　牛　香　田育新　宋庆丰

中国林业出版社
China Forestry Publishing House

图书在版编目（CIP）数据

湖南省森林生态产品绿色核算／周小玲等著. -- 北京：中国林业出版社,2022.4
（"中国山水林田湖草生态产品监测评估及绿色核算"系列丛书）
ISBN 978-7-5219-1536-5

Ⅰ.①湖… Ⅱ.①周… Ⅲ.①森林生态系统－服务功能－研究－湖南 Ⅳ.①S718.55

中国版本图书馆CIP数据核字(2022)第001694号

审图号：湘S（2021）179号

策划、责任编辑： 于晓文　于界芬

出版发行　中国林业出版社有限公司 （100009 北京西城区德内大街刘海胡同7号）
网　　址　http://www.forestry.gov.cn/lycb.html
电　　话　(010) 83143542
印　　刷　河北京平诚乾印刷有限公司
版　　次　2022年4月第1版
印　　次　2022年4月第1次印刷
开　　本　889mm×1194mm　1/16
印　　张　11.25
字　　数　248千字
定　　价　98.00元

《湖南省森林生态产品绿色核算》
著者名单

项目完成单位：

湖南省林业科学院

湖南省林业调查规划设计院

中南林业科技大学

中国林业科学研究院森林生态环境与自然保护研究所

中国森林生态系统定位观测研究网络（CFERN）

国家林业和草原局"典型林业生态工程效益监测评估国家创新联盟"

北京市农林科学院

项目首席科学家：

王　兵　中国林业科学研究院

项目技术顾问：

胡长清　湖南省林业局局长

王明旭　南山国家公园管理局局长

项目组成员（按姓氏笔画排序）：

王光军	王福生	牛艳东	文世熙	石　华	田育新	向剑锋
刘　睿	刘建聪	汤玉喜	杨海军	吴栩筠	吴　慧	邱春洪
宋良友	张　珉	张　慧	张　翼	陈　艺	陈　利	陈明皋
欧阳硕龙	罗　佳	周小玲	项文化	赵谷泉	姜　芸	姚　敏
唐　洁	陶　冀	黄忠良	梁军生	董春英	覃晓莉	曾掌权
谢志红	窦　英	熊四清	黎　蕾	瞿跃辉		

编写组成员（按姓氏笔画排序）：

王　兵	牛　香	田育新	杨海军	陈　波	宋庆丰	罗　佳
周小玲	项文化	黎　蕾				

特别提示

1. 本研究依据森林生态系统连续观测与清查体系（简称：森林生态连清），对湖南省森林生态系统服务功能进行评估，范围包括湖南省所辖 14 个地市（州）。

2. 依据国家标准《森林生态系统服务功能评估规范》（GB/T 38582—2020）对各地市（州）和优势树种（组）分别开展湖南省森林生态系统服务功能评估。

3. 评估指标包含保育土壤、林木养分固持、涵养水源、固碳释氧、净化大气环境、森林防护、林木产品供给、生物多样性保护和森林康养 9 项功能 24 项指标，并将湖南省森林植被滞纳 TSP、PM_{10}、$PM_{2.5}$ 指标进行单独评估。

4. 本研究所采用的数据：①湖南省森林资源连清数据来源于国家林业和草原局中南调查规划院提供的森林资源清查数据集和湖南省林业调查规划设计院提供的林地调查更新数据集，湖南省林业科学院对资源数据来源和质量全权负责；②湖南省森林生态连清数据主要来源于分布在湖南省及周边的森林生态站和辅助观测点的长期监测数据；③社会公共数据集，主要为我国权威机构所公布的社会公共数据。

5. 本研究中提及的滞尘量是指森林生态系统潜在饱和滞尘量，是基于模拟实验的结果，核算的是林木的最大滞尘量。

6. 凡是不符合上述条件的其他研究结果均不宜与本研究结果简单类比。

前 言

　　生态兴则文明兴，生态衰则文明衰。生态环境是人类生存和发展的根基。党的十八大以来，以习近平同志为核心的党中央站在坚持和发展中国特色社会主义道路、实现中华民族伟大复兴的中国梦的战略高度，把生态文明建设，作为统筹推进"五位一体"总体布局和协调推进"四个全面"战略布局的重要内容，提出了"良好生态环境是最公平的公共产品，是最普惠的民生福祉""保护生态环境就是保护生产力，改善生态环境就是发展生产力""生态环境保护是功在当代、利在千秋的事业""绿水青山就是金山银山""山水林田湖草是一个生命共同体，要统筹兼顾、整体施策、多措并举"等一系列新理念新战略；同时，"生态文明建设""绿色发展""美丽中国""保护和改善生活环境和生态环境"写进党章和宪法，成为了全党的意志、国家意志和全民的共同行动。"长江经济带应该走出一条生态优先、绿色发展的新路子……要积极探索推广绿水青山转化为金山银山的路径，选择具备条件的地区开展生态产品价值实现机制试点""还老百姓蓝天白云、繁星闪烁""还给老百姓清水绿岸、鱼翔浅底的景象""让老百姓吃得放心、住得安心""我们应该追求人与自然和谐"，构建"山峦层林尽染，平原蓝绿交融、城乡鸟语花香"自然美景，习近平总书记的系列重要讲话吹响了建设新时代中国特色社会主义生态文明的总号角，进一步彰显了生态文明建设的战略地位，可以说，生态环境是关系党的使命宗旨的重大政治问题，也是关系民生的重大社会问题。

　　森林关系国家生态安全，是陆地生态系统的主体，是国家、民族最大的生存资本，是人类生存的根基。森林作为生物圈中最重要的生态系统，它所具有的生态效益和社会效益远远超过其带来的经济效益。森林生态系统服务功能是指森林生态系统与生态过程所维持人类赖以生存的自然环境条件与效用。其主要的输出形式表现在两方面，即为人类生产和生活提供必需的有形的生态产品和保证人类经济社会可持续发展、支持人类赖以生存的无形生态环境与社会效益功能。然而长期以来，人类对森林的主体作用认识不足，使森林资源遭到了日趋严重的破坏，森林生态系统服务功能失调，导致干旱和洪涝加剧、水土流失严重、生物多样性降低和荒漠化面积增加等生态环境问题日益突显，人类生存环境面临严峻挑战。加大生态环境特别是森林资源的保护管理力度，构建生态文明的"四梁八柱"，切实把党中央关于生态文明建设的决策部署落到实处已经刻不容缓。森林生态系统服务功能评估是贯彻落实习近平生态文明思想践行"绿水青山就是金山银山"理念的重要举措，是落实中共中央办公厅、国务院办公厅印发的《关于建立健全生态产品价值实现机制的意见》的重要基础，有助于制定生态产品价值核算规范，建立生态产品价值评价体系，推进生态产品价值核算标准化，为建立健全生态产品价值实现机制提供基础依据。当前，森林生态系统服务功能评价从传统国民经济核算体系走向经济、环境与社会一体化核算体系，将生态系统服务价值纳入到国民经济核算体系中，实现"生态GDP"的科学定量化核算。

湖南省西起云贵高原，东达罗霄山地西坡，地貌轮廓大体上东、南、西三面为山地环绕，西北有武陵山脉，西面有雪峰山脉，南部有五岭山脉，东面有罗霄山脉，全省山地丘陵面积最广，占总面积的70.5%，素有"七山两水一分田"之说，这种地貌决定了湖南林业用地面积大，加上水热条件优越，森林资源丰富，是我国南方重点林区和木材生产主要基地之一。同时，湖南位于洞庭湖之南、居长江腹地，是长江经济带的重要省份，又是长江生态系统的重要组成部分。近些年来，湖南通过实施长江防护林、退耕还林还草、天然林保护、木材战略储备林、森林质量提升等国家重点林业生态工程，全省生态文明建设取得了一定成效。森林资源逐步增长，森林覆盖率、森林蓄积量显著提升，生态环境明显好转，绿水青山成为本区域的靓丽名片。据统计，到2020年年底，湖南全省森林覆盖率达到59.96%，森林蓄积量达到6.18亿立方米，全省共有国有林场216个、省级以上自然保护区53处、森林公园121个、湿地公园78处，绿色已经成为湖南最鲜明的"底色"。湖南省的绿水青山价值几何，关系到湖南省生态建设成果，也是检验湖南省林业及其重点生态工程建设成就最好的展示形式。单纯从森林覆盖率、蓄积量来评价林业工作成绩难以全面衡量森林的质量和生态服务功能，在一定程度上低估了森林的实际价值。森林生态系统服务价值评估，是科学客观地算清"绿水青山价值多少金山银山"这本账的关键。

为了客观、动态、科学地评估湖南省森林生态系统服务功能，准确评价森林生态效益的物质量和价值量，提高林业在湖南省国民经济和社会发展中的地位，湖南省林业局、湖南省科技厅分别于 2016 年、2017 年组织启动了"湖南省森林生态系统服务功能及其效益评估""基于森林生态连清技术的湖南省森林生态系统服务特征研究"等项目。湖南省林业科学院作为相关项目牵头单位，以国家林业和草原局森林生态系统定位观研究网络（CFERN）为技术依托，在森林生态效益监测与评估首席科学家、森林生态连清技术体系的提出者与设计师王兵研究员带领的科研团队指导支持下，按照相关观测指标、观测方法、数据管理及数据应用等一系列标准，并在中南林业科技大学、湖南省林业调查规划设计院等单位的协助下，项目组经过几年的努力工作，结合湖南省森林资源的实际情况，运用森林生态系统续观测与清查体系，以湖南省森林资源清查数据为基础，以森林生态连清数据、国家权威部门发布的公共数据和国家标准《森林生态系统服务功能评估规范》（GB/T 38582—2020）为依据，采用分布式测算方法，从保育土壤、林木养分固持、涵养水源、固碳释氧、净化大气环境、生物多样性保护、森林防护、林木产品供给和森林康养 9 个方面，对湖南省森林生态系统服务功能的物质量和价值量进行了评估测算。评估结果表明，湖南省森林生态系统服务功能价值量为 9815.64 亿元 / 年，相当于 2018 年湖南省 GDP（36425.78 亿元）的 26.95%，每公顷森林提供的价值量为 9.33 万元 / 年。9 项森林生态系统服务功能价值量的贡献之中，生物多样性价值量最大，为 3298.92 亿元 / 年，占 33.61%。

这是湖南省第一次对森林生态系统服务功能、作用和贡献开展全面系统评价的有益探索，反映了湖南省林业生态建设的重大成果，对确定森林在生态环境建设中的主体地位和作用具有非常重要的现实意义。评估结果以直观的货币形式展示了湖南省森林生态系统为人们提供的服务价值，让市民更直观地了解森林生态系统服务的价值，从而提高人们对森林生态系统服务的认识程度，增强人们的生态环境保护意识，有利于推进湖南省林业事业向"生态保护、生态修复、生态惠民"的科学道路上发展转变，有助于推动生态效益科学量化补偿和生态 GDP 核算体系的构建，是一项重要基础研究成果，具有创新性，将为生态产品价值实现机制与生态产品价值实现路径提供经验与样板。

良好生态环境是最普惠的民生福祉。在全省生态环境整体向好的同时，我们也应该清醒地认识到，生态建设的任务依然艰巨，全省还有2000多万亩石漠化地、760多万亩"裸露山地"、5000多万亩水土流失面积和200多万亩重金属污染地需要治理。生态环境保护是一个长期任务，唯有绵绵用力，久久为功，坚持生态优先、绿色发展新理念，加大保护力度，以绿色发展推动高质量发展，才能使三湘大地天更蓝、水更清、地更绿，为美丽中国建设作出湖南应有的贡献。

著　者

2021年10月

目　录

前　言

第一章　湖南省森林生态系统连续观测与清查体系

第一节　野外观测技术体系 ………………………………………………… 2

第二节　分布式测算评估体系 ……………………………………………… 4

第二章　湖南省自然资源概况

第一节　自然地理概况 ……………………………………………………… 26

第二节　森林资源概况 ……………………………………………………… 31

第三章　湖南省森林生态系统服务功能物质量评估

第一节　森林生态系统服务功能物质量评估结果 ………………………… 37

第二节　各地级市森林生态系统服务功能物质量评估 …………………… 41

第三节　不同优势树种（组）生态系统服务物质量评估 ………………… 61

第四章　湖南省森林生态系统服务功能价值量评估

第一节　森林生态系统服务功能价值量评估 ……………………………… 78

第二节　各地级市森林生态系统服务价值量评估 ………………………… 83

第三节　不同优势树种（组）生态系统服务功能价值量评估 …………… 97

第五章　湖南省森林生态系统服务综合分析及生态产品价值实现

第一节　湖南省森林生态效益变化特征分析 ……………………………… 107

第二节　湖南省生态效益定量化补偿研究 ………………………………… 111

第三节　湖南省生态 GDP 核算 …………………………………………… 115

第四节　湖南省森林生态产品价值实现途径设计 ………………………… 120

第五节　湖南省森林生态系统服务功能评估前景与展望 ………………… 129

参考文献 …………………………………………………………………… 133

名词术语···138

附　录

表 1　IPCC 推荐使用的木材密度（D）·······················140

表 2　IPCC 推荐使用的生物量转换因子（BEF）·················140

表 3　各树种组单木生物量模型及参数·······················141

表 4　湖南省森林生态效益评估社会公共数据（推荐使用价格）·······142

表 5　环境保护税税目税额表·······························144

表 6　应税污染物和当量值表·······························145

附　件

中国森林生态系统服务评估及其价值化实现路径设计·············149

基于全口径碳汇监测的中国森林碳中和能力分析···············161

第一章

湖南省森林生态系统连续观测与清查体系

湖南省森林生态效益监测与评估采用湖南省森林生态连清体系（图1-1）（王兵，2016）。该体系是湖南省森林生态效益全指标体系连续观测与清查体系的简称，指以生态地理区划为单位，依托国家林业和草原局现有森林生态系统定位观测研究站（简称"森林生态站"）和辅助观测点，采用长期定位观测技术和分布式测算方法，定期对湖南省森林生态效益进行全指标体系观测和清查。它与湖南省森林资源连续清查相耦合，评估一定时期和范围内湖南省森林生态效益，进一步了解该地区森林生态效益的动态变化。

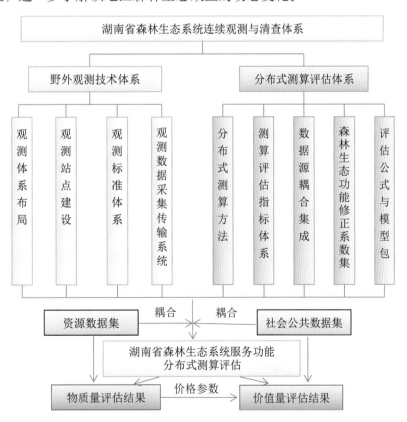

图1-1　湖南省森林生态系统连续观测与清查体系框架

第一节　野外观测技术体系

一、湖南省森林生态系统服务功能监测站布局与建设

野外观测技术体系是构建湖南省森林生态连清体系的重要基础，为了做好这一基础工作，需要考虑如何构架观测体系布局。国家森林生态站与湖南省所处统一生态监测区域内各类林业监测点作为湖南省森林生态系统服务监测的两大平台，在建设时坚持"统一规划、统一布局、统一建设、统一规范、统一标准、资源整合、数据共享"原则。

森林生态站网络布局是以典型抽样为指导思想，以全国水热分布和森林立地情况为布局基础，选择具有典型性、代表性和层次性明显的区域完成森林生态网络布局。首先，依据《中国森林立地区划图》和《中国地理区域系统》两大区划体系完成中国森林生态区，并将其作为森林生态站网络布局区划的基础。同时，结合重点生态功能区、生物多样性优先保护区，量化并确定我国重点森林生态站的布局区域。最后，将中国森林生态区和重点森林生态站布局区域相结合，作为森林生态站的布局依据，确保每个森林生态区内至少有一个森林生态站，区内如有重点生态功能区，则优先布设森林生态站。

由于自然条件、社会经济发展状况等不尽相同，因此在监测方法和监测指标上应各有侧重。目前，依据湖南省14个地市（州）的自然、经济、社会的实际情况，将湖南省分为5个大区，即：①湘西山地区（张家界市、湘西自治州、怀化市和邵阳市西部）；②湘南山丘区（郴州市、永州市和衡阳市）；③湘东山丘区（长沙市、株洲市和湘潭市）；④湘中丘陵区（邵阳市和娄底市）；⑤湘北平原区（岳阳市、益阳市和常德市），对湖南省森林生态系统服务监测体系建设进行了详细科学的规划布局。为了保证监测精度和获取足够的监测数据，需要对其中每个区域进行长期定位监测。对湖南省森林生态系统服务监测站的建设首先要考虑其在区域上的代表，选择能代表该区域主要优势树种（组），且能表征土壤、水文及生境等特征，交通、水电等条件相对便利的典型植被区域。为此，项目组和湖南省相关部门进行了大量的前期工作，包括科学规划、站点设置、野外实验数据采集、室内实验分析、合理性评估等。

森林生态站作为湖南省森林生态系统服务监测站，在湖南省森林生态系统服务评估中发挥着极其重要的作用。这些森林生态站分布在湖南省境内：会同森林生态站（怀化市）、衡山森林生态站（衡阳市）、长株潭森林生态站（长沙市）、慈利森林生态站（张家界市）；贵州省境内：梵净山森林生态站（铜仁市）；重庆市境内：武陵山森林生态站；江西省境内：大岗山森林生态站（新余市）；广东省境内：南岭森林生态站（韶关市）；广西壮族自治区境内：漓江源森林生态站（桂林市）；湖北省境内：恩施森林生态站（恩施土家族苗族自治州）。同时，还利用周边与湖南省处在同一生态区的辅助站点和实验样地对数据进行补充和修正（图1-2）。

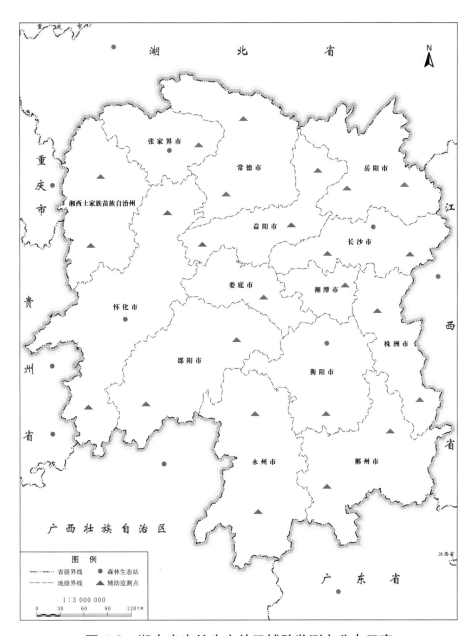

图 1-2 湖南省森林生态站及辅助监测点分布示意

目前，湖南省及周围的森林生态站和辅助点在布局上能够充分体现区位优势和地域特色，兼顾了森林生态站布局在国家和地方等层面的典型性和重要性，已形成层次清晰、代表性强的生态站网，可以负责相关站点所属区域的森林生态连清工作，同时对湖南省森林生态长期监测也起到了重要的服务作用。

借助上述森林生态站以及辅助监测点，可以满足湖南省森林生态系统服务监测和科学研究需求。随着政府对生态环境建设形势认识的不断发展，必将建立起湖南省森林生态系统服务监测的完备体系，为科学全面地评估湖南省生态建设成效奠定坚实的基础。同时，通过各森林生态系统服务监测站点长期、稳定的发挥作用，必将为健全和完善国家生态监测网络，特别是构建完备的林业及其生态建设监测评估体系做出重大贡献。

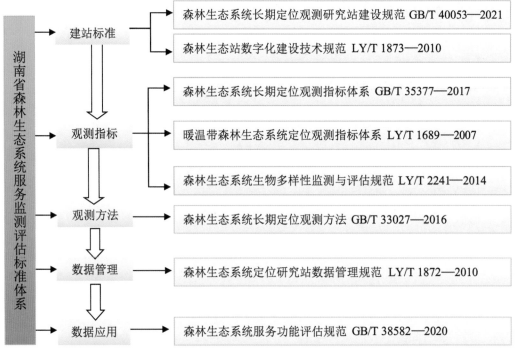

图 1-3　湖南省森林生态系统服务功能监测评估标准体系

第二节　分布式测算评估体系

一、分布式测算方法

分布式测算源于计算机科学，是研究如何把一项整体复杂的问题分割成相对独立运算的单元，并将这些单元分配给多个计算机进行处理，最后将计算结果综合起来，统一合并得出结论的一种科学计算方法。最近，分布式测算项目已经被用于使用世界各地成千上万位志愿者的计算机的闲置计算能力，来解决复杂的数学问题，如 GIMPS 搜索梅森素数的分布式网络计算和研究寻找最为安全的密码系统如 RC4 等，这些项目都很庞大，需要惊人的计算量，而分布式测算就是研究如何把一个需要非常巨大计算能力才能解决的问题分成许多小的部分，然后把这些部分分配给许多计算机进行处理，最后把这些计算结果综合起来得到最终的结果。随着科学的发展，分布式测算已成为一种廉价的、高效的、维护方便的计算方法。

森林生态系统服务评估是一项非常庞大、复杂的系统工程，很适合划分成多个均质化的生态测算单元开展评估（Niu et al.，2013）。通过第一次（2009 年）、第二次（2014 年）全国森林生态系统服务评估和 2013 年、2014 年、2015 年、2016 年、2017 年《退耕还林工程生态效益监测国家报告》以及诸多其他省级、市级和自然保护区尺度的评估案例已经证实，分布式测算方法能够保证评估结果的准确性及可靠性。因此，分布式测算方法是目前评估森林生态系统服务功能所采用的较为科学有效的方法（牛香等，2012）。

湖南省森林生态系统服务评估分布式测算方法：首先将湖南省按地市划分为长沙市、株洲市、湘潭市、衡阳市、邵阳市、岳阳市、常德市、张家界市、益阳市、郴州市、永州市、娄底市、怀化市和湘西土家族苗族自治州 14 个一级测算单元；每个一级测算单元又按不同优势树种（组）划分为马尾松、杉木、樟木、楠木、榆树、木荷、枫香、泡桐、竹林、经济林和灌木林等 20 个二级测算单元；每个二级测算单元再按起源划分为天然林、人工林 2 个三级测算单元，每个三级测算单元再按龄组划分为幼龄林、中龄林、近熟林、成熟林、过熟林 5 个三级测算单元，再结合不同立地条件的对比观测，最终确定了相对均质化的 1456 个生态服务功能评估单元（图 1-4）。

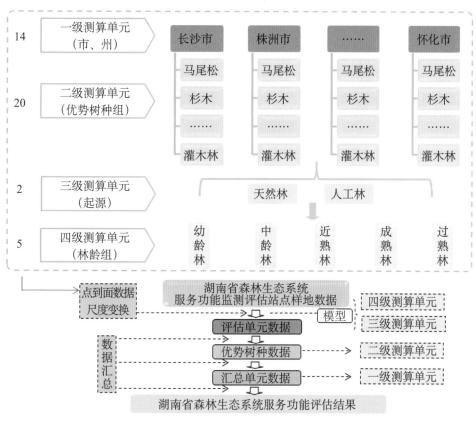

图 1-4　湖南省森林生态系统服务功能评估分布式测算方法

二、监测评估指标体系

森林是陆地生态系统的主体，其生态系统服务体现于生态系统和生态过程所形成的有利于人类生存与发展的生态环境条件与效用。如何真实地反映森林生态系统服务的效果，监测评估指标体系的建立非常重要。

依据国家标准《森林生态系统服务功能评估规范》（GB/T 38582—2020），结合湖南省森林生态系统实际情况，在满足代表性、全面性、简明性、可操作性以及适用性等原则的基础上，通过总结近年的工作及研究经验，本次评估选用供给服务、调节服务、支持服务和文

化服务四大类，并选择保育土壤、林木养分固持、涵养水源、固碳释氧、净化大气环境、森林防护、生物多样性保护、林木产品供给和森林康养等 9 项功能 24 个指标（图 1-5）。

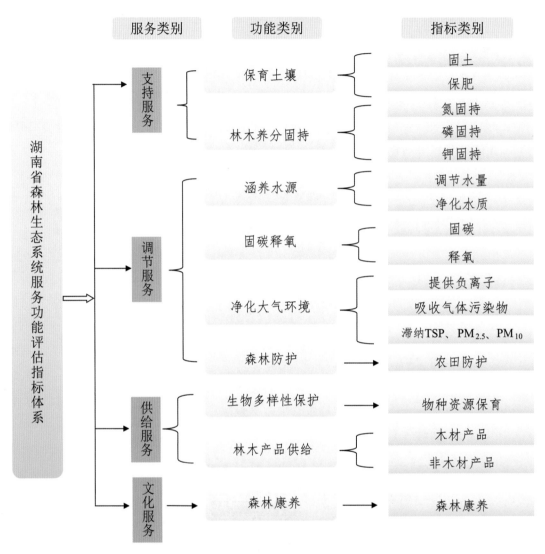

图 1-5　湖南省森林生态系统服务测算评估指标体系

三、数据来源与集成

湖南省森林生态连清评估分为物质量和价值量两部分。物质量评估所需数据来源于湖南省森林生态连清数据集和湖南省第九次森林资源清查数据集；价值量评估所需数据除以上两个来源外，还包括社会公共数据集（图 1-6）。主要的数据来源包括以下三部分：

1. 湖南省森林生态连清数据集

湖南省森林生态连清数据主要来源于湖南省及周边森林生态站以及辅助观测点的监测结果。其中，森林生态站以国家林业和草原局森林生态站为主体。同时依据国家标准《森林生态系统服务功能评估规范》(GB/T 38582—2020)和《森林生态系统长期定位观测方法》(GB/T 33027—2016)等获取湖南省森林生态连清数据。

2. 湖南省森林资源数据集

根据《湖南省森林资源连续清查数据集》，资源清查数据是国家尺度上使用的资源数据，是省级层面总体资源情况的反映。本次湖南省森林生态连清评估采用资源清查规则进行汇总，同时把资源清查的固定样地经纬度绘制在湖南省地图上，判定样地所属地级市，加上省级生态站建设过程中调查的大样地（1公顷/块）测树因子，共同确定各市林分测树因子。

3. 社会公共数据集

社会公共数据来源于我国权威机构所公布的社会公共数据，包括《中国水利年鉴》、《中华人民共和国水利部水利建筑工程预算定额》、中国农业信息网（http://www.agri.gov.cn/）、中华人民共和国国家卫生健康委员会网站（http://www.nhc.gov.cn/）、中华人民共和国国家发展和改革会等四部委2003年第31号令《排污费征收标准及计算方法》、中华人民共和国环境保护税法中"环境保护税税目税额表"、湖南省物价局网站（http://www.priceonline.com.cn/index.html）等。

将上述三类数据源有机地耦合集成，应用于评估公式中，最终获得湖南省森林生态系统服务功能评估结果。

图1-6　数据来源与集成

四、森林生态功能修正系数集

森林生态系统服务功能价值量的合理测算对绿色国民经济核算具有重要意义。社会进步程度、经济发展水平和森林资源质量等对森林生态系统服务功能均会产生一定影响，而森林自身结构和功能状况则是体现森林生态系统服务功能可持续发展的基本前提。"修正"作为一种状态，表明系统各要素之间具有相对"融洽"的关系。当用现有的野外实测值不能代表同一生态单元同一目标林分类型的结构或功能时，就需要采用森林生态功能修正系数（Forest Ecological Function Correction Coefficient，简称 FEF-CC）客观地从生态学精度的角度反映同一林分类型在同一区域的真实差异。其理论公式如下：

$$\text{FEF–CC} = \frac{B_e}{B_o} = \frac{\text{BEF} \cdot V}{B_o} \tag{1-1}$$

式中：FEF–CC——森林生态功能修正系数；

　　　B_e——评估林分的生物量（千克/立方米）；

　　　B_o——实测林分的生物量（千克/立方米）；

　　　BEF——蓄积量与生物量的转换因子；

　　　V——评估林分的蓄积量（立方米）。

实测林分的生物量可以通过湖南省森林生态连清的实测手段来获取，而评估林分的生物量在本次湖南省森林资源连续清查中还未完全统计，但其蓄积量可以获取（附表1）。因此，通过评估林分蓄积量和生物量转换因子（BEF，附表2）或者评估林分的蓄积量、胸径和树高（附表3），测算评估林分的生物量（Fang et al.，2001）。

五、贴现率

湖南省森林生态系统服务功能价值量评估中，由物质量转价值量时，部分价格参数并非评估年价格参数，因此需要使用贴现率将非评估年价格参数换算为评估年份价格参数以计算各项功能价值量的现价。本评估中所使用的贴现率指将未来现金收益折合成现在收益的比率。贴现率是一种存贷款均衡利率，利率的大小，主要根据金融市场利率来决定，其计算公式如下：

$$t = (D_r + L_r)/2 \tag{1-2}$$

式中：t——存贷款均衡利率（%）；

　　　D_r——银行的平均存款利率（%）；

　　　L_r——银行的平均贷款利率（%）。

贴现率利用存贷款均衡利率，将非评估年份价格参数，逐年贴现至评估年价格参数。贴现率的计算公式如下：

$$d = (1 + t_{n+1})(1 + t_{n+2})\cdots(1 + t_m) \tag{1-3}$$

式中：d——贴现率；

　　　t——存贷款均衡利率（%）；

n——价格参数可获得年份（年）；

m——评估年年份（年）。

六、评估公式与模型包

湖南省森林生态系统服务功能物质量评估主要是从物质量的角度对全省森林生态系统提供的各项生态服务功能进行定量评估；价值量评估是指从货币价值量的角度对该省森林生态系统服务功能价值进行定量评估。在价值量评估中，主要采用等效替代原则，并用替代品的价格进行等效替代核算某项评估指标的价值量。同时，在具体选取替代品的价格时应遵守权重当量平衡原则，考虑计算所得的各评估指标价值量在总价值量中所占的权重，使其保证相对平衡。

（一）保育土壤功能

森林凭借强壮且成网状的根系截留大气降水，减少或免遭雨滴对土壤表层的直接冲击，有效地固持土体，降低了地表径流对土壤的冲蚀，使土壤流失量大大降低。而且森林的生长发育及其代谢产物不断对土壤产生物理及化学影响，参与土体内部的能量转换与物质循环，使土壤肥力提高，森林植被是土壤养分的主要来源之一（图 1-7）。为此，本研究选用两个指标，即固土指标和保肥指标，以反映该区域森林植被保育土壤功能。

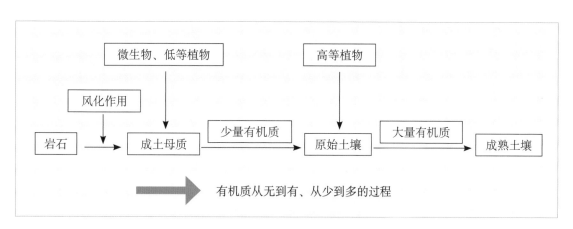

图 1-7　植被对土壤形成的作用

1. 固土指标

（1）年固土量。林分年固土量公式如下：

$$G_{固土}=A \cdot (X_2-X_1) \cdot F \tag{1-4}$$

式中：$G_{固土}$——评估林分年固土量（吨 / 年）；

X_1——有林地土壤侵蚀模数 [吨 /（公顷·年）]；

X_2——无林地土壤侵蚀模数 [吨 /（公顷·年）]；

A——林分面积（公顷）；

F——森林生态功能修正系数。

（2）年固土价值。由于土壤侵蚀流失的泥沙淤积于水库中，减少了水库蓄积水的体积，因此本研究根据蓄水成本（替代工程法）计算林分年固土价值，公式如下：

$$U_{固土}=A \cdot C_{土} \cdot (X_2-X_1) \cdot F/\rho \cdot d \tag{1-5}$$

式中：$U_{固土}$——评估林分年固土价值（元／年）；

X_1——有林地土壤侵蚀模数［吨／（公顷·年）］；

X_2——无林地土壤侵蚀模数［吨／（公顷·年）］；

$C_{土}$——挖取和运输单位体积土方所需费用（元／立方米，附表4）；

ρ——土壤容重（克／立方厘米）；

A——林分面积（公顷）；

F——森林生态功能修正系数；

d——贴现率。

2. 保肥指标

（1）年保肥量。林分年保肥量计算公式如下：

$$G_N=A \cdot N \cdot (X_2-X_1) \cdot F \tag{1-6}$$

$$G_P=A \cdot P \cdot (X_2-X_1) \cdot F \tag{1-7}$$

$$G_K=A \cdot K \cdot (X_2-X_1) \cdot F \tag{1-8}$$

$$G_{有机质}=A \cdot M \cdot (X_2-X_1) \cdot F \tag{1-9}$$

式中：G_N——森林固持土壤而减少的氮流失量（吨／年）；

G_P——森林固持土壤而减少的磷流失量（吨／年）；

G_K——森林固持土壤而减少的钾流失量（吨／年）；

$G_{有机质}$——森林固持土壤而减少的有机质流失量（吨／年）；

X_1——有林地土壤侵蚀模数［吨／（公顷·年）］；

X_2——无林地土壤侵蚀模数［吨／（公顷·年）］；

N——森林土壤平均含氮量（%）；

P——森林土壤平均含磷量（%）；

K——森林土壤平均含钾量（%）；

M——森林土壤平均有机质含量（%）；

A——林分面积（公顷）；

F——森林生态功能修正系数。

（2）年保肥价值。年固土量中氮、磷、钾的物质量换算成化肥价值即为林分年保肥价值。本研究的林分年保肥价值以固土量中的氮、磷、钾数量折合成磷酸二铵化肥和氯化钾化肥的价值来体现。公式如下：

$$U_{肥} = A \cdot (X_2 - X_1) \cdot \left(\frac{N \cdot C_1}{R_1} + \frac{P \cdot C_1}{R_2} + \frac{K \cdot C_2}{R_3} + MC_3 \right) \cdot F \cdot d \tag{1-10}$$

式中：$U_{肥}$——评估林分年保肥价值（元/年）；

　　　X_1——有林地土壤侵蚀模数[吨/（公顷·年）]；

　　　X_2——无林地土壤侵蚀模数[吨/（公顷·年）]；

　　　N——森林土壤平均含氮量（%）；

　　　P——森林土壤平均含磷量（%）；

　　　K——森林土壤平均含钾量（%）；

　　　M——森林土壤平均有机质含量（%）；

　　　R_1——磷酸二铵化肥含氮量（%）；

　　　R_2——磷酸二铵化肥含磷量（%）；

　　　R_3——氯化钾化肥含钾量（%）；

　　　C_1——磷酸二铵化肥价格（元/吨，附表4）；

　　　C_2——氯化钾化肥价格（元/吨，附表4）；

　　　C_3——有机质价格（元/吨，附表4）；

　　　A——林分面积（公顷）；

　　　F——森林生态功能修正系数；

　　　d——贴现率。

（二）林木养分固持功能

森林植被不断从周围环境吸收营养物质固定在植物体中，成为全球生物化学循环不可缺少的环节。本次评估选用林木积累氮、磷、钾指标来反映林木养分固持功能。

1. 林木养分固持量

林木年固持氮、磷、钾量公式如下：

$$G_{氮} = A \cdot N_{营养} \cdot B_{年} \cdot F \tag{1-11}$$

$$G_{磷} = A \cdot P_{营养} \cdot B_{年} \cdot F \tag{1-12}$$

$$G_{钾} = A \cdot K_{营养} \cdot B_{年} \cdot F \tag{1-13}$$

式中：$G_{氮}$——植被固氮量（吨/年）；

　　　$G_{磷}$——植被固磷量（吨/年）；

　　　$G_{钾}$——植被固钾量（吨/年）；

$N_{营养}$——实测林木氮元素含量（%）；

$P_{营养}$——实测林木磷元素含量（%）；

$K_{营养}$——实测林木钾元素含量（%）；

$B_{年}$——实测林分年净生产力 [吨 /（公顷·年）]；

A——林分面积（公顷）；

F——森林生态功能修正系数。

2. 林木年养分固持价值

采取把营养物质折合成磷酸二铵化肥和氯化钾化肥方法计算林木养分固持价值，公式如下：

$$U_{营养} = A \cdot B \cdot \left(\frac{N_{营养} \cdot C_1}{R_1} + \frac{P_{营养} \cdot C_1}{R_2} + \frac{K_{营养} \cdot C_2}{R_3} \right) \cdot F \cdot d \tag{1-14}$$

式中：$U_{营养}$——评估林分固持氮、磷、钾价值（元 / 年）；

　　　$N_{营养}$——实测林木含氮量（%）；

　　　$P_{营养}$——实测林木含磷量（%）；

　　　$K_{营养}$——实测林木含钾量（%）；

　　　R_1——磷酸二铵含氮量（%）；

　　　R_2——磷酸二铵含磷量（%）；

　　　R_3——氯化钾含钾量（%）；

　　　C_1——磷酸二铵化肥价格（元 / 吨，附表4）；

　　　C_2——氯化钾平化肥价格（元 / 吨，附表4）；

　　　B——实测林分年净生产力 [吨 /（公顷·年）]；

　　　A——林分面积（公顷）；

　　　F——森林生态功能修正系数；

　　　d——贴现率。

（三）涵养水源功能

森林涵养水源功能主要是指森林对降水的截留、吸收和贮存，将地表水转为地表径流或地下水的作用（图 1-8）。主要功能表现在增加可利用水资源、净化水质和调节径流三个方面。本研究选定两个指标，即调节水量指标和净化水质指标，以反映该区域森林生态系统的涵养水源功能。

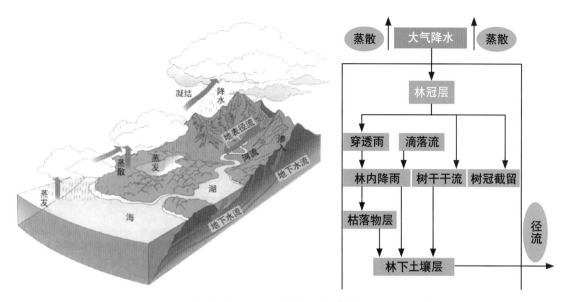

图 1-8 全球水循环及森林对降水的再分配示意

1. 调节水量指标

（1）年调节水量。湖南省森林生态系统年调节水量公式如下：

$$G_调=10A \cdot (P–E–C) \cdot F \quad (1-15)$$

式中：$G_调$——评估林分年调节水量（立方米 / 年）；

P——实测林外降水量（毫米 / 年）；

E——实测林分蒸散量（毫米 / 年）；

C——实测地表快速径流量（毫米 / 年）；

A——林分面积（公顷）；

F——森林生态功能修正系数。

（2）年调节水量价值。由于森林对水量主要起调节作用，与水库的功能相似。因此，该区域森林生态系统年调节水量价值根据水库工程的蓄水成本（替代工程法）来确定，采用如下公式计算：

$$U_调=10C_库 \cdot A \cdot (P–E–C) \cdot F \cdot d \quad (1-16)$$

式中：$U_调$——评估林分年调节水量价值（元 / 年）；

$C_库$——水库库容造价（元 / 吨，附表 4）；

P——实测林外降水量（毫米 / 年）；

E——实测林分蒸散量（毫米 / 年）；

C——实测地表快速径流量（毫米 / 年）；

A——林分面积（公顷）；

　　F——森林生态功能修正系数；

　　d——贴现率。

2. 净化水质指标

（1）年净化水量。湖南省森林生态系统年净化水量采用年调节水量的公式：

$$G_净 = 10A \cdot (P - E - C) \cdot F \qquad (1\text{-}17)$$

式中：$G_净$——评估林分年净化水量（立方米／年）；

　　　　P——实测林外降水量（毫米／年）；

　　　　E——实测林分蒸散量（毫米／年）；

　　　　C——实测地表快速径流量（毫米／年）；

　　　　A——林分面积（公顷）；

　　　　F——森林生态功能修正系数。

（2）年净化水质价值。森林生态系统年净化水质价值根据湖南省水污染物应纳税额计算。"应税污染物和当量值表"中，每一排放口的应税水污染物按照污染当量数从大到小排序，对第一类水污染物按照前五项征收环境保护税；对其他类水污染物按照前三项征收环境保护税；对同一排放口中的化学需氧量、生化需氧量和总有机碳，只征收一项，按三者中污染当量数最高的一项收取。采用如下公式计算：

$$U_{水质} = 10K_水 \cdot A \cdot (P - E - C) \cdot F \cdot d \qquad (1\text{-}18)$$

式中：$U_{水质}$——评估林分净化水质价值（元／年）；

　　　　$K_水$——水污染物应纳税额（元／立方米）；

　　　　P——实测林外降水量（毫米／年）；

　　　　E——实测林分蒸散量（毫米／年）；

　　　　C——实测地表快速径流量（毫米／年）；

　　　　A——林分面积（公顷）；

　　　　F——森林生态功能修正系数；

　　　　d——贴现率。

$$K_水 = (\rho_{大气降水} - \rho_{径流}) / N_水 \cdot K \qquad (1\text{-}19)$$

式中：$K_水$——水污染物应纳税额（元／立方米）；

　　　　$\rho_{大气降水}$——大气降水中某一水污染物浓度（毫克／升）；

　　　　$\rho_{径流}$——森林地下径流中某一水污染物浓度（毫克／升）；

　　　　$N_水$——水污染物污染当量值（千克）；

K——税额（元，附表5）。

（四）固碳释氧功能

森林与大气的物质交换主要是二氧化碳与氧气的交换，这对维持大气中的二氧化碳和氧气动态平衡、减少温室效应以及为人类提供生存的基础都有巨大和不可替代的作用（图1-9）。因此，本研究选用固碳、释氧两个指标反映湖南省森林生态系统固碳释氧功能。根据光合作用化学反应式，森林植被每积累1.00克干物质，可以吸收1.63克二氧化碳，释放1.19克氧气。

图1-9　森林生态系统固碳释氧作用

1. 固碳指标

（1）植被和土壤年固碳量。公式如下：

$$G_{碳}=A \cdot (1.63R_{碳} \cdot B_{年}+F_{土壤碳}) \cdot F \tag{1-20}$$

式中：$G_{碳}$——评估林分年固碳量（吨/年）；

　　　$B_{年}$——实测林分年净生产力[吨/（公顷·年）]；

　　　$F_{土壤碳}$——单位面积林分土壤年固碳量[吨/（公顷·年）]；

　　　$R_{碳}$——二氧化碳中碳的含量，为27.27%；

　　　A——林分面积（公顷）；

　　　F——森林生态功能修正系数。

公式计算得出森林植被的潜在年固碳量，再从其中减去由于林木消耗造成的碳量损失，即为森林植被的实际年固碳量。

（2）年固碳价值。鉴于我国实施温室气体排放税收制度，并对二氧化碳的排放征税。因此，采用中国碳交易市场碳税价格加权平均值进行评估。森林植被和土壤年固碳价值的计算公式如下：

$$U_{碳}=A \cdot C_{碳} \cdot (1.63R_{碳} \cdot B_{年}+F_{土壤碳}) \cdot F \cdot d \tag{1-21}$$

式中：$U_碳$——评估林分年固碳价值（元/年）；

　　　$B_年$——实测林分年净生产力[吨/（公顷·年）]；

　　　$F_{土壤碳}$——单位面积森林土壤年固碳量[吨/（公顷·年）]；

　　　$C_碳$——固碳价格（元/吨，附表4）；

　　　$R_碳$——二氧化碳中碳的含量，为27.27%；

　　　A——林分面积（公顷）；

　　　F——森林生态功能修正系数；

　　　d——贴现率。

公式得出森林植被的潜在年固碳价值，再从其中减去由于林木消耗造成的碳量损失，即为森林植被的实际年固碳价值。

2. 释氧指标

（1）年释氧量。公式如下：

$$G_{氧气}=1.19A \cdot B_年 \cdot F \qquad (1-22)$$

式中：$G_{氧气}$——评估林分年释氧量（吨/年）；

　　　$B_年$——实测林分年净生产力[吨/（公顷·年）]；

　　　A——林分面积（公顷）；

　　　F——森林生态功能修正系数。

（2）年释氧价值。因为价值量的评估属经济的范畴，是市场化、货币化的体现，因此本研究采用国家权威部门公布的氧气商品价格计算森林植被的年释氧价值。计算公式如下：

$$U_氧=1.19C_氧 \cdot A \cdot B_年 \cdot F \cdot d \qquad (1-23)$$

式中：$U_氧$——评估林分年释氧价值（元/年）；

　　　$B_年$——实测林分年净生产力[吨/（公顷·年）]；

　　　$C_氧$——制造氧气的价格（元/吨，附表4）；

　　　A——林分面积（公顷）；

　　　F——森林生态功能修正系数；

　　　d——贴现率。

（五）净化大气环境功能

近年雾霾天气频繁、大范围出现，使空气质量状况成为民众和政府部门关注的焦点，大气颗粒物（如 TSP、PM_{10}、$PM_{2.5}$）被认为是造成雾霾天气的罪魁。特别 $PM_{2.5}$ 更是由于其对人体健康的严重威胁，成为人们关注的热点。如何控制大气污染、改善空气质量成为众多科学家研究的热点（王兵等，2015；张维康等，2015；Zhang et al.，2015）。

森林能有效吸收有害气体、滞纳粉尘、提供负离子、降低噪音、降温增湿等，从而起到净化大气环境的作用（图1-10）。为此，本研究选取提供负离子、吸收污染物、滞纳TSP、PM_{10}、$PM_{2.5}$等指标反映森林植被净化大气环境能力。

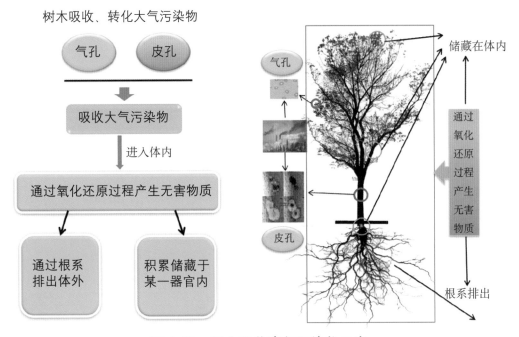

图 1-10　树木吸收空气污染物示意

1. 提供负离子指标

（1）年提供负离子量。公式如下：

$$G_{负离子}=5.256\times10^{15}\cdot Q_{负离子}\cdot A\cdot H\cdot F/L \qquad (1\text{-}24)$$

式中：$G_{负离子}$——评估林分年提供负离子个数（个/年）；

　　　$Q_{负离子}$——实测林分负离子浓度（个/立方厘米）；

　　　H——林分高度（米）；

　　　L——负离子寿命（分钟）；

　　　A——林分面积（公顷）；

　　　F——森林生态功能修正系数。

（2）年提供负离子价值。国内外研究证明，当空气中负离子达到600个/立方厘米以上时，才能有益于人体健康，所以林分年提供负离子价值采用如下公式计算：

$$U_{负离子}=5.256\times10^{15}A\cdot H\cdot K_{负离子}\cdot(Q_{负离子}-600)\cdot F/L\cdot d \qquad (1\text{-}25)$$

式中：$U_{负离子}$——评估林分年提供负离子价值（元/年）；

　　　$K_{负离子}$——负离子生产费用（元/个，附表4）；

$Q_{负离子}$——实测林分负离子浓度（个/立方厘米）；

L——负离子寿命（分钟）；

H——林分高度（米）；

A——林分面积（公顷）；

F——森林生态功能修正系数；

d——贴现率。

2.吸收污染物指标

二氧化硫、氟化物和氮氧化物是大气污染物的主要物质，因此本研究选取森林吸收二氧化硫、氟化物和氮氧化物3个指标评估森林植被吸收污染物的能力（图1-11）。森林对二氧化硫、氟化物和氮氧化物的吸收，可使用面积—吸收能力法、阈值法、叶干质量估算法等。本研究采用面积—吸收能力法评估森林植被吸收污染物的总量和价值。

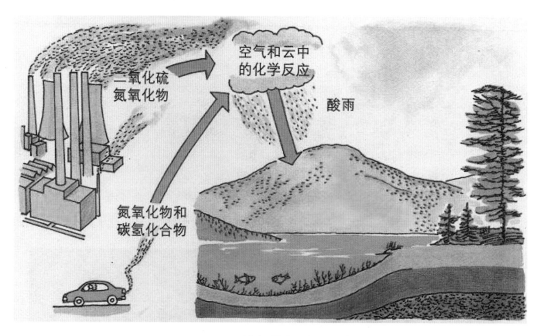

图 1-11　污染气体的来源及危害

（1）吸收二氧化硫。

①二氧化硫年吸收量计算公式如下：

$$G_{二氧化硫}=Q_{二氧化硫} \cdot A \cdot F/1000 \tag{1-26}$$

式中：$G_{二氧化硫}$——评估林分年吸收二氧化硫量（吨/年）；

$Q_{二氧化硫}$——单位面积实测林分年吸收二氧化硫量[千克/（公顷·年）]；

A——林分面积（公顷）；

F——森林生态功能修正系数。

②年吸收二氧化硫价值计算公式如下：

$$U_{二氧化硫}=Q_{二氧化硫}/N_{二氧化硫}\cdot K\cdot A\cdot F\cdot d \tag{1-27}$$

式中：$U_{二氧化硫}$——评估林分年吸收二氧化硫价值（元/年）；

　　　$Q_{二氧化硫}$——单位面积实测林分年吸收二氧化硫量[千克/（公顷·年）]；

　　　$N_{二氧化硫}$——二氧化硫污染当量值（千克，附表6）；

　　　K——税额（元，附表5）；

　　　A——林分面积（公顷）；

　　　F——森林生态功能修正系数；

　　　d——贴现率。

（2）吸收氟化物。

①氟化物年吸收量计算公式如下：

$$G_{氟化物}=Q_{氟化物}\cdot A\cdot F/1000 \tag{1-28}$$

式中：$G_{氟化物}$——评估林分年吸收氟化物量（吨/年）；

　　　$Q_{氟化物}$——单位面积实测林分年吸收氟化物量[千克/（公顷·年）]；

　　　A——林分面积（公顷）；

　　　F——森林生态功能修正系数。

② 年吸收氟化物价值计算公式如下：

$$U_{氟化物}=Q_{氟化物}/N_{氟化物}\cdot K\cdot A\cdot F\cdot d \tag{1-29}$$

式中：$U_{氟化物}$——评估林分年吸收氟化物价值（元/年）；

　　　$Q_{氟化物}$——单位面积实测林分年吸收氟化物量[千克/（公顷·年）]；

　　　$N_{氟化物}$——氟化物污染当量值（千克，附表6）；

　　　K——税额（元，附表5）；

　　　A——林分面积（公顷）；

　　　F——森林生态功能修正系数；

　　　d——贴现率。

（3）吸收氮氧化物。

①氮氧化物年吸收量计算公式如下：

$$G_{氮氧化物}=Q_{氮氧化物}\cdot A\cdot F/1000 \tag{1-30}$$

式中：$G_{氮氧化物}$——评估林分年吸收氮氧化物量（吨/年）；

$Q_{氮氧化物}$——单位面积实测林分年吸收氮氧化物量 [千克 /（公顷·年）]；

A——林分面积（公顷）；

F——森林生态功能修正系数。

②年吸收氮氧化物价值计算公式如下：

$$U_{氮氧化物} = Q_{氮氧化物}/N_{氮氧化物} \cdot K \cdot A \cdot F \cdot d \qquad (1\text{-}31)$$

式中：$U_{氮氧化物}$——评估林分年吸收氮氧化物价值（元 / 年）；

$Q_{氮氧化物}$——单位面积实测林分年吸收氮氧化物量 [千克 /（公顷·年）]；

$N_{氮氧化物}$——氮氧化物污染当量值（千克，附表 6）；

K——税额（元，附表 5）；

A——林分面积（公顷）；

F——森林生态功能修正系数；

d——贴现率。

3. 滞尘指标

森林有阻挡、过滤和吸附粉尘的作用，可提高空气质量。因此，滞尘功能是森林生态系统重要的服务功能之一。鉴于近年来人们对 TSP、PM_{10} 和 $PM_{2.5}$ 的关注（图 1-12），本研究在评估总滞尘量及其价值的基础上，将 TSP、PM_{10} 和 $PM_{2.5}$ 从总滞尘量中分离出来进行了单独的物质量和价值量核算。

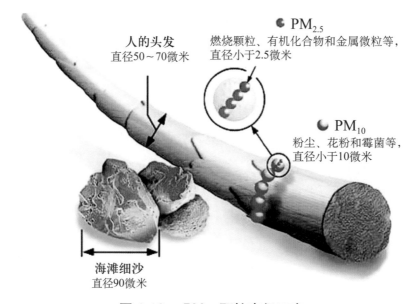

图 1-12　$PM_{2.5}$ 颗粒直径示意

（1）年总滞纳 TSP 量。森林植被滞纳 TSP 计算公式如下：

$$G_{\text{TSP}}=Q_{\text{TSP}} \cdot A \cdot F/1000 \tag{1-32}$$

式中：G_{TSP}——评估林分年滞纳 TSP 量（吨／年）；

$\quad\quad Q_{\text{TSP}}$——单位面积实测林分年滞纳 TSP 量 [千克／（公顷·年）]；

$\quad\quad A$——林分面积（公顷）；

$\quad\quad F$——森林生态功能修正系数。

（2）年滞纳 TSP 总价值。本研究中，用健康危害损失法计算林分滞纳 PM_{10} 和 $PM_{2.5}$ 的价值。其中，PM_{10} 采用的是治疗因为空气颗粒物污染而引发的上呼吸道疾病的费用，$PM_{2.5}$ 采用的是治疗因为空气颗粒物污染而引发的下呼吸道疾病的费用。林分滞纳 TSP 采用降尘清理费用计算，公式如下：

$$U_{\text{TSP}}= \left(G_{\text{TSP}}-G_{\text{PM}_{10}}-G_{\text{PM}_{2.5}}\right) /N_{\text{一般性粉尘}} \cdot K \cdot A \cdot F \cdot d+U_{\text{PM}_{10}}+U_{\text{PM}_{2.5}} \tag{1-33}$$

式中：U_{TSP}——评估林分年滞纳 TSP 价值（元／年）；

$\quad\quad G_{\text{TSP}}$——评估林分年滞纳 TSP 量（吨／年）；

$\quad\quad G_{\text{PM}_{10}}$——评估林分年滞纳 PM_{10} 的量（千克／年）；

$\quad\quad G_{\text{PM}_{2.5}}$——评估林分年滞纳 $PM_{2.5}$ 的量（千克／年）；

$\quad\quad U_{\text{PM}_{10}}$——评估林分年滞纳 PM_{10} 的价值（元／年）；

$\quad\quad U_{\text{PM}_{2.5}}$——评估林分年滞纳 $PM_{2.5}$ 的价值（元／年）；

$\quad\quad N_{\text{一般性粉尘}}$——一般性粉尘污染当量值（千克，附表 6）；

$\quad\quad K$——税额（元，附表 5）；

$\quad\quad A$——林分面积（公顷）；

$\quad\quad F$——森林生态功能修正系数；

$\quad\quad d$——贴现率。

4. 滞纳 PM_{10}

（1）年滞纳 PM_{10} 量。公式如下：

$$G_{\text{PM}_{10}}=10Q_{\text{PM}_{10}} \cdot A \cdot n \cdot F \cdot \text{LAI} \tag{1-34}$$

式中：$G_{\text{PM}_{10}}$——评估林分年滞纳 PM_{10} 的量（千克／年）；

$\quad\quad Q_{\text{PM}_{10}}$——实测林分单位叶面积滞纳 PM_{10} 的量（克／平方米）；

$\quad\quad A$——林分面积（公顷）；

$\quad\quad n$——年洗脱次数；

$\quad\quad F$——森林生态功能修正系数；

LAI——叶面积指数。

（2）年滞纳 PM_{10} 价值。公式如下：

$$U_{PM_{10}}=10Q_{PM_{10}}/N_{炭黑尘} \cdot K \cdot A \cdot n \cdot F \cdot LAI \cdot d \tag{1-35}$$

式中：$U_{PM_{10}}$——评估林分年滞纳 PM_{10} 价值（元／年）；

　　　　$Q_{PM_{10}}$——实测林分单位叶面积滞纳 PM_{10} 量（克／平方米）；

　　　　$N_{炭黑尘}$——炭黑尘污染当量值（千克，附表6）；

　　　　K——税额（元，附表5）；

　　　　A——林分面积（公顷）；

　　　　F——森林生态功能修正系数；

　　　　n——年洗脱次数；

　　　　LAI——叶面积指数；

　　　　d——贴现率。

5. 滞纳 $PM_{2.5}$

（1）年滞纳 $PM_{2.5}$ 量。公式如下：

$$G_{PM_{2.5}}=10Q_{PM_{2.5}} \cdot A \cdot n \cdot F \cdot LAI \tag{1-36}$$

式中：$G_{PM_{2.5}}$——评估林分年滞纳 $PM_{2.5}$ 的量（千克／年）；

　　　　$Q_{PM_{2.5}}$——实测林分单位叶面积滞纳 $PM_{2.5}$ 量（克／平方米）；

　　　　A——林分面积（公顷）；

　　　　n——洗脱次数；

　　　　F——森林生态功能修正系数；

　　　　LAI——叶面积指数。

（2）年滞纳 $PM_{2.5}$ 价值。公式如下：

$$U_{PM_{2.5}}=10Q_{PM_{2.5}}/N_{炭黑尘} \cdot K \cdot A \cdot n \cdot F \cdot LAI \cdot d \tag{1-37}$$

式中：$U_{PM_{2.5}}$——评估林分年滞纳 $PM_{2.5}$ 价值（元／年）；

　　　　$Q_{PM_{2.5}}$——实测林分单位叶面积滞纳 $PM_{2.5}$ 量（克／平方米）；

　　　　$N_{炭黑尘}$——炭黑尘污染当量值（千克，附表6）；

　　　　K——税额（元，附表5）；

　　　　A——林分面积（公顷）；

　　　　F——森林生态功能修正系数；

　　　　n——年洗脱次数；

LAI——叶面积指数；

　　d——贴现率。

（六）森林防护功能

根据《土壤侵蚀分类分级标准》（SL190—2007），湖南位于南方红壤丘陵区，属水力土壤侵蚀类型区，故森林防护功能不计防风固沙功能，只计农田防护功能，公式如下：

$$U_a = V \cdot M \cdot K \tag{1-39}$$

式中：U_a——评估林分农田防护功能的价值量（元／年）；

　　　V——稻谷价格（元／千克，附表4）；

　　　M——农作物、牧草平均增产量（千克／年）；

　　　K——平均1公顷农田防护林能够实现农田防护面积为19公顷。

（七）林木产品供给功能

（1）木材产品价值。计算公式如下：

$$U_{木材产品} = \sum_{i}^{n} (A_i \cdot S_i \cdot U_i) \tag{1-40}$$

式中：$U_{木材产品}$——区域内年木材产品价值（元／年）；

　　　A_i——第i种木材产品面积（公顷）；

　　　S_i——第i种木材产品单位面积蓄积量［（立方米／（公顷·年）］；

　　　U_i——第i种木材产品市场价格（元／立方米）。

（2）非木材产品价值。计算公式如下：

$$U_{非木材产品} = \sum_{j}^{n} (A_j \cdot V_j \cdot P_j) \tag{1-41}$$

式中：$U_{非木材产品}$——区域内年非木材产品价值（元／年）；

　　　A_j——第j种非木材产品种植面积（公顷）；

　　　V_j——第j种非木材产品单位面积产量［（千克／（公顷·年）］；

　　　P_j——第j种非木材产品市场价格（元／千克）。

（3）林木产品供给功能总价值。计算公式如下：

$$U_{林木产品} = U_{木材产品} + U_{非木材产品} \tag{1-42}$$

（八）生物多样性保护功能

生物多样性维护了自然界的生态平衡，并为人类的生存提供了良好的环境条件。生物多样性是生态系统不可缺少的组成部分，对生态系统服务功能的发挥具有十分重要的作用。

Shannon-Wiener 指数是反映森林中物种的丰富度和分布均匀程度的经典指标。传统 Shannon-Wiener 指数对生物多样性保护等级的界定不够全面。本研究采用特有种指数、濒危指数及古树年龄指数进行生物多样性保护功能评估（表 1-1 至表 1-3），以利于生物资源的合理利用和相关部门保护工作的合理分配。

生物多样性保护功能评估公式如下：

$$U_{总} = \left(1+0.1\sum_{m=1}^{x} E_m + 0.1\sum_{n=1}^{y} B_n + 0.1\sum_{r=1}^{z} O_r\right) \cdot S_{生} \cdot A \tag{1-43}$$

式中：$U_{总}$——评估林分年生物多样性保护价值（元 / 年）；

E_m——评估林分（或区域）内物种 m 的濒危指数（表 1-2）；

B_n——评估林分（或区域）内物种 n 的特有种指数（表 1-3）；

O_r——评估林分（或区域）内物种 r 的古树年龄指数（表 1-4）；

x——计算濒危物种数量；

y——计算特有种物种数量；

z——计算古树物种数量；

$S_{生}$——单位面积物种多样性保护价值 [元 /（公顷·年）]；

A——林分面积（公顷）。

本研究根据 Shannon-Wiener 指数计算生物多样性价值，共划分 7 个等级：

当指数 <1 时，$S_{生}$ 为 3000 元 /（公顷·年）；

当 1 ≤指数 < 2 时，$S_{生}$ 为 5000 元 /（公顷·年）；

当 2 ≤指数 < 3 时，$S_{生}$ 为 10000 元 /（公顷·年）；

当 3 ≤指数 < 4 时，$S_{生}$ 为 20000 元 /（公顷·年）；

当 4 ≤指数 < 5 时，$S_{生}$ 为 30000 元 /（公顷·年）；

当 5 ≤指数 < 6 时，$S_{生}$ 为 40000 元 /（公顷·年）；

当指数 ≥ 6 时，$S_{生}$ 为 50000 元 /（公顷·年）。

（九）森林康养功能

森林康养是指森林生态系统为人类提供休闲和娱乐场所所产生的价值，包括直接价值和间接价值，采用林业旅游与休闲产值替代法进行核算。湖南省拥有大量的自然保护区和森林公园，休闲度假地较多，由此带来的森林旅游、农家乐和观光果园的建设，带动了旅游、果品采摘、餐饮等行业的发展，为大众提供休闲、娱乐的场所，使人消除疲劳、愉悦身心。据湖南省林业局提供的最新数据显示，"十三五"时期湖南省森林康养产生的总价值为 1097 亿元。

表1-1 特有种指数体系

特有种指数	分布范围
4	仅限于范围不大的山峰或特殊的自然地理环境下分布
3	仅限于某些较大的自然地理环境下分布的类群，如仅分布于较大的海岛（岛屿）、高原、若干个山脉等
2	仅限于某个大陆分布的分类群
1	至少在2个大陆都有分布的分类群
0	世界广布的分类群

注：参见《植物特有现象的量化》（苏志尧，1999）；特有种指数主要针对封山育林。

表1-2 濒危指数体系

濒危指数	濒危等级	物种种类
4	极危	
3	濒危	参见《中国物种红色名录（第一卷）：红色名录》
2	易危	
1	近危	

注：物种濒危指数主要针对封山育林。

表1-3 古树年龄指数体系

古树年龄	指数等级	来源及依据
100～299年	1	
300～499年	2	参见国家林业局文件《关于开展古树名木普查建档工作的通知》
≥500年	3	

（十）森林生态系统服务功能总价值评估

湖南省森林生态系统服务功能总价值为上述分项之和，公式如下：

$$U_I=\sum_{i=1}^{24}U_i \tag{1-44}$$

式中：U_I——湖南省森林生态系统服务功能总价值（元/年）；

U_i——湖南省森林生态系统服务功能各分项年价值（元/年）。

第二章
湖南省自然资源概况

第一节　自然地理概况

一、地理位置

湖南省位于长江中游，省境绝大部分在洞庭湖以南，故称湖南；湘江贯穿省境南北，故简称湘。地处东经108°47′～114°15′、北纬24°38′～30°08′，东以幕阜、武功诸山系与江西交界；西以云贵高原东缘连贵州；西北以武陵山脉毗邻重庆；南枕南岭与广东、广西相邻；北以滨湖平原与湖北接壤。省界东到桂东县黄连坪，西至新晃侗族自治县韭菜塘，南起江华瑶族自治县姑婆山，北达石门县壶瓶山。东西宽667千米，南北长774千米，总面积21.18万平方千米。截至2018年年底，湖南省共辖14个地级行政区，包括13个地级市、1个自治州，分别是长沙市、株洲市、湘潭市、衡阳市、邵阳市、岳阳市、常德市、张家界市、益阳市、郴州市、永州市、怀化市、娄底市、湘西土家族苗族自治州。

二、地形地貌

湖南地处云贵高原向江南丘陵和南岭山脉向江汉平原过渡的地带，在自西向东呈梯级降低的云贵高原东延部分和东南山丘转折线南端。东面有山脉与江西相隔，主要是幕阜山脉、连云山脉、九岭山脉、武功山脉、万洋山脉和诸广山脉等。山脉自北向西南走向，呈雁行排列，海拔大都在1000米以上。南面是由大庾、骑田、萌渚、都庞和越城诸岭组成的五岭山脉（南岭山脉），山脉为北东南西走向，山体大体为东西向，海拔大都在1000米以上。西面有北东南西走向的雪峰武陵山脉，跨地广阔，山势雄伟，成为湖南省东西自然景观的分界。北段海拔500～1500米，南段海拔1000～1500米。主要山脉如下：

南岭山脉：分布于湖南、江西、广东和广西的边境，东西绵延1000多千米，这些山岭之中，以越城、都庞、萌渚、骑田和大庾5个山岭最有名，故南岭又称五岭。南岭山脉平均海拔1000米左右，但有许多山口隘道的海拔只有200～400米，如兴安隘、摺岭隘、梅岭隘等，历来是南北重要交通孔道。京广铁路就是从摺岭通过。2000 年前兴修的灵渠就在兴安隘，它沟通了长江水系与珠江水系。南岭山势并不高，但仍是我国南方一条地理分界线。它除了成为长江和珠江流域的分水岭外，对南下寒潮也起一定的阻挡作用，使岭南和岭北气候有所不同。

罗霄山脉：是东北—西南走向的山脉形成的山系，位于湖南省和江西省的交界，是两省的自然界线，也是湘江和赣江的分水岭。北部是幕连九山脉，南部是南岭地带。罗霄山脉主要山峰海拔多在 1000 米以上，南风面上的笠麻顶为最高峰，海拔 2120.4 米，其周围海拔 2000 米以上的姐妹峰有神农峰、湖洋顶、封官顶、猴头岗、火烧溪等。组成罗霄山脉的次级山脉成东北—西南走向，各有自己的高峰。武功山主峰金顶海拔 1918 米；万洋山最高峰南风面的笠麻顶，海拔 2120 米；八面山的高峰石牛仙海拔 2042 米；诸广山高峰齐云峰海拔 2061 米。

雪峰山脉：主体位于湖南中部和西部，是湖南境内最大的山脉，南狭北宽。主脉是东北—西南走向，南接湘桂间的八十里大南山，南起邵阳绥宁县城的巫水北岸、北到益阳县，西为丘陵级的武雪山脉，东部伸出大支到新邵县的金龙山—天龙山。还有一批褶皱断块山。资水在柘溪水库带把它分为北南段。南段山势陡峻，北段被资水穿切后，庞大散开，渐降为丘陵。习惯上南段称雪峰山或下梅山，北段称梅山或上梅山。主干长 350 千米，总长 400 多千米，宽度变化很大（主干最宽带 120 千米）。第一主峰苏宝顶，海拔 1934 米；次高峰白马山，海拔 1781 米；最大腹地在安化县（古称梅山，因此以其名称呼这个近千里大山，雪峰山之名在古代指其高峰地带）。植被以亚热带常绿阔叶林及各种杉木为主，垂直分异明显。

武陵山脉：是我国三大地形阶梯中的第二级阶梯向第三级阶梯的过渡带，位于北纬 27°10′ ~ 31°28′、东经 106°56′ ~ 111°49′，是云贵高原的东部延伸地带，平均海拔高度在 1000 米左右，海拔在 800 米以上的地方占全境约 70%。武陵山脉贯穿黔东、湘西、鄂西、渝东南地区，长度约 420 千米。武陵山脉是乌江、沅江、澧水的分水岭，主脉自贵州中部呈东北—西南走向，主峰梵净山高 2494 米。该地区气候属亚热带向暖温带过渡类型，平均温度在 13 ~ 16℃之间，降水量在 1100 ~ 1600 毫米，无霜期在 280 天左右。

石门县境内的壶瓶山为湖南省境最高峰，海拔 2099 米。2002 年湖南省第二测绘院测定，2003 年湖南省国土资源厅复函炎陵县，确定炎陵县境内的雪峰海拔 2115.2 米。湘中大部分为断续红岩盆地、灰岩盆地及丘陵、阶地，海拔在 500 米以下。北部是湖南省地势最低、最平坦的洞庭湖平原，海拔大都在 50 米以下，临谷花州，海拔仅 23 米，是省内地面最低点。因此，湖南省的地貌轮廓是东、南、西三面环山，中部丘岗起伏，北部湖盆平原展开，沃野千里，是朝东北开口的不对称马蹄形地形。湖南省地貌类型多样，有半高山、低山、丘陵、岗地、盆地和平原。

湖南省可划分为 6 个地貌区：湘西北山原山地区、湘西山地区、湘南山丘区、湘东山丘区、湘中丘陵区、湘北平原区。地貌按成因可分为以流水地貌为主,占湖南省总面积的64.76%;岩溶地貌次之,占25.97%;湖成地貌最小,仅占2.88%,水面积占6.39%。按组成物质(不含水域)分沉积岩(包括砂质岩、碳酸盐岩、红岩、第四纪松散堆积物)地貌为主,占湖南省总面积的57.75%;变质岩类地貌次之,占24.99%;岩浆岩类地貌,仅占8.87%。按海拔高度(含水域)分,以300米以下地貌为主,占湖南省总面积44.27%;300～500米地貌次之,占22.58%;500～800米地貌占18.43%;800米以上地貌占11.72%。按形态分,山地(含山原)占湖南省总面积51.22%,丘陵占15.40%,岗地占13.87%,平原占13.11%,水面占6.39%。湖南省以山地和丘陵地貌为主,共占总面积的66.62%。

三、气候条件

湖南省为大陆性亚热带季风湿润气候。气候具有3个特点:第一,光、热、水资源丰富,三者的高值又基本同步。第二,气候年内变化较大。冬季寒冷,夏季酷热,春温多变,秋温陡降,春夏多雨,秋冬干旱。气候的年际变化也较大。第三,气候垂直变化最明显的地带为三面环山的山地。尤以湘西与湘南山地更为显著。湖南各县气象站资料统计表明,各地年平均气温一般为16～19℃,冬季最冷月(1月)平均温度都在4℃以上,日平均气温在0℃以下的天数平均每年不到10天。春、秋两季平均气温大多在16～19℃之间,秋温略高于春温。夏季平均气温大多在26～29℃之间,衡阳一带可高达30℃左右。湖南热量充足,大部分地区日平均气温稳定通过0℃以上的活动积温为5600～6800℃;10℃以上的活动积温为5000～5840℃,可持续238～256天;15℃以上的活动积温为4100～5100℃,可持续180～208天;无霜期253～311天。湖南的热量条件在国内仅次于海南、广东、广西、福建,与江西接近,比其他诸省份都好。

四、土壤条件

湖南省土壤类型主要有13个类型。其中,以红壤土土类分布面积最大,全省共863.72万公顷,占全省土壤总面积的51.00%,分布在全省各地的丘、岗地区以及海拔700米以下的低山地区,发育于板页岩、砂岩、石灰岩、花岗岩等风化物和第四纪红土母质上,是湖南省最主要的旱地土壤和园地土壤。其次是水稻土土类,全省共275.58万公顷,占全省土壤总面积的16.5%,广泛分布于湖南省的平原、丘陵和山区,是湖南省主要的农业土壤资源之一。再次是黄壤土土类,全省共210.64万公顷,占全省土壤面积的12.62%,主要分布于湖南省湘南、湘西和湘西北地区的中、低山地区。第四是紫色土类,全省共131.27万公顷,占全省土壤面积的7.86%,主要分布于湘江中游、沅江谷地、澧水谷地及洞庭湖东侧的海拔在300米以下大小不等的红色盆地中。第五是红色石灰土土类,全省共54.73万公顷,占全省土壤面积的3.28%,主要发育于石灰岩、泥质灰岩、铁质灰岩、白云质灰岩、硅质灰岩等碳酸盐岩风化物上，主要分布于湘西土家族苗族自治州、常德、零陵、郴州等地区。其余 8 个土类面积均较小，其总和不到全省土壤总面积的 10.00%，其中面积较大的有黄棕壤、黑色石灰土和潮土。

在水平分布上，从南向北，湖南省土壤的脱硅富铝化程度逐渐减弱，土壤类型从赤红壤（砖红壤性红壤）、红壤向棕红壤变化；从湘东到湘西，随着海拔升高和山地比例增多，则由湘东地区以红壤为主向湘西地区以黄红壤为主变化。在垂直分布上，湖南海拔 1000 米以上的山地地区土壤从山脚到山顶，均呈现红壤—黄红壤—黄壤—黄棕壤—山地灌丛草甸土的垂直带谱结构。此外，由于中小地形、成土母质、水文地质及人类生产活动的影响，湖南土壤还呈现出明显的区域性分布。其中，中域分布规律有枝状土壤组合和环状土壤组合（沉陷湖盆潴育性水稻土和红壤组合、石灰岩溶蚀盆地石灰土和潴育性水稻土组合）两种。

五、水文条件

湖南省河流众多，河网密布，水系发达，5000 米以上的河流有 5341 条。全省水系以洞庭湖为中心，湘、资、沅、澧四水为骨架，主要属长江流域洞庭湖水系，约占全省总面积 96.7%，其余属珠江流域和长江流域的赣江水系及直入长江的小水系。多年平均降水量为 1450 毫米，多年平均水资源总量为 1689 亿立方米，其中地表水资源量为 1682 亿立方米，地下水资源量为 391.5 亿立方米（地下水非重复量为 7 亿立方米）。水资源总量为全国第六位，人均占有量为 2500 立方米，略高于全国水平，具有一定的水资源优势。但由于时空分布不均，"水多、水少、水脏"的三个问题，仍然是全省经济和社会发展的制约因素之一。2018 年全省平均年降水量 1363.7 毫米，折合水量 2889 亿立方米，较上年偏少 9.0%，较多年平均偏少 6.0%，属平水偏枯年份。2018 年全省水资源总量 1343 亿立方米，较多年平均偏少 20.5%，总用水量 337.01 亿立方米，水资源利用率为 20%。13 个水资源分区中，洞庭湖环湖区的利用率最高达到 37.5%，湘江衡阳以下次之，为 31.3%，柳江的利用率最低，为 3.7%。

湖南省河网总长度 9 万千米，其中流域面积在 55000 平方千米以上的大河 11117 条。省内河流顺着地势由南向北汇入洞庭湖、长江，形成一个比较完整的洞庭湖水系。湘江是湖南最大的河流，也是长江七大支流之一；洞庭湖是湖南省最大的湖泊，跨湖南、湖北两省份。

六、野生动植物资源

湖南地带性植被为亚热带常绿阔叶林，自然生态系统类型主要为森林和湿地生态系统。森林生态系统拥有 5 个森林类型 12 个植被型组 23 个植被型亚组 63 个群组 143 个群系。湿地生态系统分为江河、湖泊、沼泽湿地。湖南省的森林和湿地生态系统，在全球范围内具有很高的代表性和典型性，拥有全球 200 个具有国际意义生态区的两个区，即武陵雪峰山脉和南岭罗霄山脉亚热带常绿阔叶林生态区，跨北纬 20°～30° 典型亚热带 5 个纬度，被誉为全球同纬度地带最有价值的生态区。植被丰茂，四季常青。

湖南生物资源丰富多样，是全国乃至世界珍贵的"生物基因库"之一，有华南虎、云豹、金猫、白鹤、白鳍豚等18种国家一级保护野生动物；全省分布维管束植物1089属5500多种，占热带性属的47.9%，其中包括南方红豆杉、资源冷杉、绒毛皂荚等国家一级保护野生植物64种。区系成分复杂、地理成分多样、起源古老，被植物界誉为自白垩纪以来变动不大的古老植物王国，是古老孑遗裸子植物富集之乡。

七、旅游资源

湖南地处中国中南部，其独特的地形地貌形成了特有的文化景观和旅游资源。目前，湖南省有世界自然遗产2处、文化遗产1处；国家级历史文化名城3座，国家级历史名镇7座，国家级历史文化名村15个，省级历史文化名城10座，省级历史文化名镇15座，国家级重点文物保护单位183处，国家级重点风景名胜区40个，国家级自然保护区20个，省级自然保护区33个，国家级森林公园51个，省级森林公园54个，世界地质公园1个，国家级地质公园10个，5A级景区（点）7个。

湖南省自然旅游景点目前有1210处，这里面有512处是属于地貌景点，水体景点有377处，植被景观271处，气象天体类景点50处。

湖南省的自然旅游资源如武陵源风景区、长沙岳麓山、南岳衡山、洞庭湖、龙山飞虎洞、湘江等都非常有名。尤其是武陵源风景区在世界范围内都很有名气，它处在湖南省西北部武陵源山脉中段慈利县、桑植县相接壤地带，由张家界国家地质公园和国家森林公园、天子山、索溪峪、杨家界5个景区构成，属于张家界市武陵源区的一部分，其总面积为369平方千米。武陵源风景区的中心景区面积占地264平方千米，其地貌比较奇特，向来以水、谷、峰、林、洞闻名。武陵源的旅游资源极其丰富，主要景色特点是水秀、谷幽、峰奇、洞奥、林深。

湖南省人文旅游资源现有1826处，其中1340处属于历史古迹，136处属于民风民俗，350处属于人造景观、文学、旅游商品资源，历史文化名城中长沙还是我国第一批历史文化名城。此外，湖南是楚文化的发源地，湘剧、湖南花鼓戏、湘绣等闻名中外。

湖南省主要的人文旅游资源有走马楼三国吴简、铜官窑、马王堆汉墓、岳阳楼、长沙世界之窗、南岳大庙、宁远文庙、玉蟾洞遗存、里耶古井、凤凰古镇、城头山遗址、橘子洲头、岳麓书院等。

湖南省的红色旅游资源非常丰富，其中大部分是是著名的爱国主义教育圣地、革命传统教育和观光旅游胜地。主要有毛泽东纪念馆、刘少奇故居、彭德怀故居、贺龙故居、杨开慧烈士故居、罗荣桓故居、秋收起义文家市会师旧址、湘南暴动指挥部旧址、湘鄂川黔革命根据地旧址等。韶山毛泽东同志纪念馆坐南朝北，位于韶山冲引凤山下。

第二节　森林资源概况

森林资源是林业生态建设的重要物质基础，增加森林资源以及保障其稳定持续的发展是林业工作的出发点和落脚点。在自然因素和人为因素的干扰下，森林资源的数量和质量始终处于变化中。加强森林资源的管理和保护，是保障国土生态安全的需要，是增强森林资源信息的动态管理、分析、评价和预测功能的需要。及时掌握湖南省森林资源的消长变化，对于科学的经营管理和保护利用森林资源具有重要意义。湖南省共有 14 个州（市）林业局、122 个县（区、市）林业局，林业用地总面积 1257.59 万公顷，这些森林是维系湖南省生态安全构建的基础，保护着湖南省 1000 多万公顷最精华的森林。

一、林业用地面积

根据国家有关技术分类标准，林业用地划分为有林地、竹林地、疏林地、灌木林地、未成林地、苗圃地、无立木地、宜林地和辅助生产林地（表 2-1）。湖南省林地总面积 1257.59 万公顷，占湖南省总面积的 59.39%。其中，乔木林地 798.92 万公顷，竹林地 82.31 万公顷，疏林地 5.78 万公顷，灌木林地 213.96 万公顷（特殊灌木林地 171.35 万公顷，其他灌木林地 42.61 万公顷），乔木林地、竹林地和灌木林地三者约占湖南省林地总面积的 87.10%；森林面积 1052.58 万公顷，占林地面积的 83%，森林覆盖率 59.82%（2018 年）。林木活立木总蓄积量 46141.03 万立方米，其中森林蓄积量 40715.73 万立方米，占总蓄积量的 95.05%。乔木林资源以用材林为主，其面积和蓄积量比例分别为 55.72% 和 54.05%，薪炭林面积和蓄积量最低。树种组中阔叶混交林面积最大，占乔木林总面积的 27.54%，其次为杉木和针阔叶混交林，面积最小的是乌桕。

表 2-1　湖南省林业用地各地类面积及比例

面积及比例	总面积	乔木林地	竹林地	疏林地	特殊灌木林地	其他灌木林地	未成林地	苗圃地	无立木林地	宜林地	辅助生产林地
面积（万公顷）	1257.59	798.92	82.31	5.78	171.35	42.61	28.84	0.06	19.43	96.72	0.14
比例（%）	100.00	63.53	6.55	0.46	13.63	3.39	2.29	0.01	1.48	7.69	0.01

二、森林资源结构

（一）林种结构

根据湖南省各林种分类，将林地划分为防护林、特种用途林、用材林、薪炭林和经济林等 5 大类。全省森林面积 1052.58 万公顷，森林蓄积量 40715.73 万立方米。按林种分，防护林 378.14 万公顷、特种用途林 46.42 万公顷、用材林 498.62 万公顷、薪炭林 0.32 万公顷、经济林 129.08 万公顷。全省森林面积以用材林所占比例最大，其次是防护林。森林按林种面积比例如图 2-1。

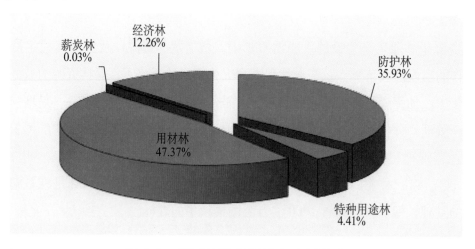

图 2-1　不同林种类型面积比例分布

（二）优势树种（组）结构

1. 乔木林

湖南省各类林地面积构成中，乔木林中的针叶林面积 393.91 万公顷，阔叶林面积 268.67 万公顷，针阔混交林面积 136.34 万公顷，分别占 49.30%、33.63% 和 17.07%；针叶林蓄积量 21618.79 万立方米，阔叶林蓄积量 12295.79 万立方米，针阔混交林蓄积量 6801.15 万立方米，分别占 53.10%、30.20% 和 16.70%。乔木林中针叶林所占比重较大。

在针叶林中，面积占优势的主要是杉木林，其面积占 53.01%，蓄积量占 54.48%；其次是马尾松林、针叶混交林和湿地松林，面积分别占 23.58%、15.45% 和 5.85%，蓄积量分别占 23.56%、17.01% 和 3.18%。

阔叶林涉及的优势树种较多，面积和蓄积量以阔叶混交林占优势，其面积 220.01 万公顷、蓄积 10271.50 万立方米，分别占阔叶林面积的 81.89%、蓄积量的 83.54%；其次是栎类林，其面积 8.65 万公顷、蓄积量 616.20 万立方米，分别占阔叶林面积的 3.22%、蓄积量的 5.01%。乔木林按优势树种（组）面积、蓄积量构成情况见表 2-2。

表 2-2　乔木林各优势树种（组）面积、蓄积量统计

优势树种		面积结构		蓄积量结构	
		面积（万公顷）	占比（%）	蓄积量（万立方米）	占比（%）
合计		798.92	100.00	40715.73	100.00
针叶林	小计	393.91	49.30	21618.79	53.10
	铁杉	0.32	0.04	20.65	0.05
	落叶松	0.32	0.04	8.23	0.02
	马尾松	92.87	11.62	5092.75	12.51

（续）

优势树种		面积结构		蓄积量结构	
		面积（万公顷）	占比（%）	蓄积量（万立方米）	占比（%）
针叶林	其他松类	24.01	3.01		
	杉木	208.82	26.14	11778.24	28.93
	柳杉	1.28	0.16	119.23	0.29
	水杉	0.32	0.04	22.00	0.06
	柏木	4.80	0.60	162.46	0.40
	其他杉类	0.32	0.04	0.34	0.00
	针叶混	60.85	7.62	3676.38	9.03
阔叶林	小计	268.67	33.63	12295.79	30.20
	栎类	8.65	1.09	616.20	1.51
	樟木	5.12	0.64	255.33	0.63
	榆树	0.64	0.08	21.45	0.05
	木荷	3.20	0.40	170.76	0.42
	枫香	3.52	0.44	88.37	0.22
	其他硬阔类	3.52	0.44	19.01	0.05
	檫木	0.64	0.08	63.03	0.15
	杨树	4.80	0.60	328.30	0.81
	泡桐	0.32	0.04	10.51	0.03
	桉树	1.92	0.24	33.92	0.08
	楝树	0.64	0.08	5.63	0.01
	其他软阔类	7.36	0.92	284.37	0.70
	阔叶混	228.34	28.58	10398.90	25.54
针阔混交林		136.34	17.07	6801.15	16.70

2. 灌木林

（1）特殊灌木林地面积动态。灌木林地面积由第八次清查期的 251.09 万公顷，减少到本期的 213.96 万公顷，间隔期内净减 37.13 万公顷，年均净减率 3.19%。与 2009 年连清复查的灌木林地面积净减 38.79 万公顷相比较，灌木林地面积持续减少。在第八次清查期灌木林地减少的 52.51 万公顷面积中，转变为乔木林地、竹林地、疏林地和未成林造林地面积 40.02 万公顷，占 76.21%。

清查间隔期内，特殊灌木林地新增面积 16.02 万公顷，同时前期特殊灌木林地减少面积 39.70 万公顷；新增与减少相抵，特殊灌木林地净减 23.68 万公顷，年均净减率 2.59%。特殊灌木林地面积转移变化见表 2-3。

表2-3　特殊灌木林地面积转移变化

万公顷

动态	合计	乔木林地	一般灌木林地	疏林地	未成林地	迹地	宜林地	非林地
转入自	16.02	3.20	0.64	0.64	2.89	0.32	3.20	5.13
减少至	39.70	23.04	0	0	3.21	1.60	4.48	5.77
净增量	-23.68	-19.84	0.64	0.64	-0.32	-1.28	-1.28	-0.64

在特殊灌木林地新增面积中，一是乔木林地、疏林地、一般灌木林地、迹地、宜林地通过人工造林更新使特殊灌木林地新增面积8.00万公顷，占49.94%；二是耕地因种植结构调整人工造林使特殊灌木林地新增面积5.13万公顷，占32.02%；三是原有未成林造林地正常生长或更新造林转为特殊灌木林地面积2.89万公顷，占18.04%。

在前期特殊灌木林地减少面积中，主要是人工造林更新或封山育林形成乔木林地、竹林地和未成林造林地面积27.85万公顷，占70.16%；其次是遭受灾害后未及时更新以及经济林经营方式改变而形成规划造林地面积4.16万公顷，占10.48%；三是征占用林地转变为建设用地面积3.52万公顷，占8.87%；四是种植结构调整转变为耕地面积1.93万公顷，占4.86%；五是因火灾而形成迹地面积1.60万公顷，占4.03%；六是造林更新失败地面积0.32万公顷，占0.80%；七是遭到蚕食而转变为耕地面积0.32万公顷，占0.80%。

（2）一般灌木林地面积动态。清查间隔期内，一般灌木林地由前期的56.06万公顷，减少到本期的42.61万公顷，间隔期内净减13.45万公顷，年均净减率5.45%。一般灌木林地面积转移变化见表2-4。

表2-4　一般灌木林地面积转移变化

万公顷

动态	合计	乔木林地	特殊灌木林地	疏林地	迹地	宜林地
转入自						
减少至	13.45	11.53	0.64	0.64	0.32	0.32
净增量	-13.45	-25.44	-0.64	-0.64	-0.32	-0.32

3. 竹林

清查间隔期内，竹林地新增面积7.36万公顷，同时前期竹林地减少面积2.88万公顷；新增与减少相抵，竹林地净增4.48万公顷，年均净增率1.12%。竹林地净增面积比2009年连清复查的15.05万公顷，减少了10.57万公顷，竹林地面积持续增长，但增长幅度有所减缓。竹林地面积转移变化见表2-5。

表2-5　竹林地面积转移变化

万公顷

动态	合计	乔木林地	灌木林地	未成造	迹地	宜林地	建设用地
转入自	7.36	4.80	1.60	0.32	0.32	0.32	
减少至	2.88	1.92			0.64		0.32
净增量	4.48	2.88	1.60	0.32	-0.32	0.32	-0.32

在竹林地新增面积中，一是乔木林地采伐后通过人工造林更新或天然更新使竹林地新增面积4.80万公顷，占65.22%；二是灌木林地、迹地、宜林地通过人工造林更新或天然更新使竹林地新增面积2.24万公顷，占30.43%；三是原有未成林造林地正常生长转为竹林地面积0.32万公顷，占4.35%。

在前期竹林地减少面积中，主要是采伐后人工或天然更新形成乔木林地面积1.92万公顷，占67.67%；其次是遭受火灾形成火烧迹地面积0.64万公顷，占22.22%；三是征占用林地转变为建设用地面积0.32万公顷，占11.11%。

（三）林龄组结构

根据树木的生物学特性及经营利用目的不同，将乔木林生长过程划分为幼龄林、中龄林、近熟林、成熟林和过熟林5个林龄组。由表2-6可知，湖南省森林幼龄林406.01万公顷，中龄林249.78万公顷，近熟林79.41万公顷，成熟林51.86万公顷，过熟林11.86万公顷；在乔木林蓄积量中，幼龄林1.05亿立方米，中龄林1.56亿立方米，近熟林0.69亿立方米，成熟林0.60亿立方米，过熟林0.17亿立方米。乔木林资源中，面积、蓄积量均以幼中龄林占优，其所占比例分别为82.09%和64.28%。

表2-6　不同林龄组面积和蓄积量比例

面积/蓄积量	合计	幼龄林	中龄林	近熟林	成熟林	过熟林
面积（万公顷）	798.92	406.01	249.78	79.41	51.86	11.86
比例（%）	100.00	50.82	31.26	9.94	6.49	1.48
蓄积量（亿立方米）	4.07	1.05	1.56	0.69	0.60	0.17
比例（%）	100.00	25.86	38.42	16.94	14.66	4.11

三、森林资源质量

（一）单位面积蓄积量

湖南省乔木林单位面积蓄积量平均为50.94立方米/公顷。按起源分，天然林为51.90立方米/公顷，人工林为49.84立方米/公顷；按权属分，国有为84.71立方米/公顷，集体为51.50立方米/公顷，个体为48.20立方米/公顷。天然林单位面积蓄积量高于人工林，国有林单位面积蓄积量高于集体和个体林。

从乔木林面积按单位面积蓄积量级的分布情况看，单位面积蓄积量小于 50 立方米 / 公顷的占 62.41%，单位面积蓄积量在 50～99 立方米 / 公顷的占 25.17%，单位面积蓄积量在 100～149 立方米 / 公顷的占 8.33%，单位面积蓄积量在 150 立方米 / 公顷以上的占 4.09%。总体而言，全省以每公顷蓄积量在 100 立方米以下的乔木林面积为主，全省每公顷蓄积量在 100 立方米以上的乔木林面积很少，湖南省乔木林的单位面积蓄积量低于 89.79 立方米 / 公顷的全国平均水平。

（二）单位面积生长量

湖南省乔木林年均单位面积生长量为 4.82 立方米 / 公顷。其中，天然林为 4.34 立方米 / 公顷，人工林为 5.40 立方米 / 公顷。人工林年均单位面积生长量高于天然林。

（三）单位面积株数

乔木林单位面积株数为 1040 株 / 公顷。其中，天然林 997 株 / 公顷，人工林 1091 株 / 公顷。人工林单位面积株数多于天然林。

（四）平均胸径

乔木林平均胸径 11.4 厘米。其中，天然林 11.7 厘米，人工林 11.1 厘米。全省乔木林平均胸径低于 13.6 厘米的全国平均水平。

（五）平均郁闭度

乔木林平均郁闭度为 0.51，按低（0.20～0.44）、中（0.45～0.74）、高（0.75～1.00）郁闭度级的面积比例为 35∶55∶10。其中，天然林平均郁闭度 0.51，按低、中、高郁闭度级的面积比例为 33∶59∶8；人工林平均郁闭度 0.50，按低、中、高郁闭度级的面积比例为 38∶49∶13。总体而言，乔木林郁闭度以中等为主，而且人工林平均郁闭度略低于天然林。

（六）树高及面积结构

乔木林按平均高 < 5.0 米、5.0～9.9 米、10.0～14.9 米、≥ 15.0 米的面积比为 12∶59∶25∶4。其中，天然林面积比为 8∶62∶26∶4，人工林面积比为 18∶56∶22∶4。可以看出，全省乔木林平均高低于 10 米的面积占到 71%，而平均高 15 米以上的乔木林所占比例仅为 4%。另外，平均高 10 米以上的乔木林所占比例，天然林高出人工林 4 个百分点，表明天然林的平均高度整体上要高于人工林。

（七）针阔叶林面积结构

乔木林中针叶林、针阔混交林、阔叶林面积比例为 49∶17∶34。其中，天然林为 28∶20∶52，人工林为 76∶13∶11。乔木林中针叶林所占比例大于阔叶林，针阔混交林所占比例较小；天然林以阔叶林占优势，而人工林则以针叶林为主。

第三章

湖南省森林生态系统服务功能物质量评估

森林生态系统服务物质量评估主要是从物质量的角度对森林生态系统所提供的各项服务进行定量评估。本章依据国家标准《森林生态系统服务功能评估规范》（GB/T 38582—2020），将对湖南省森林生态系统服务功能的物质量进行评估，进而揭示湖南省森林生态系统服务功能的特征。

> 物质量评估主要是对生态系统提供服务的物质数量进行评估，即根据不同区域、不同生态系统的结构、功能和过程，从生态系统服务功能机制出发，利用适宜的定量方法确定生态系统服务功能的质量和数量。
>
> 物质量评估的特点是评价结果比较直观，能够比较客观地反映生态系统的生态过程，进而反映生态系统的可持续性。但是，由于运用物质量评价方法得出的各单项生态系统服务的量纲不同，因而无法进行加总，不能够评价某一生态系统的综合生态系统服务。

第一节　森林生态系统服务功能物质量评估结果

根据湖南省森林生态效益评估方法，开展对湖南省森林涵养水源、保育土壤、固碳释氧、林木养分固持和净化大气环境等 5 个类别 18 个分项生态效益物质量的评估，具体评估结果见表 3-1。

表 3-1 湖南省森林生态系统服务功能物质量评估结果

服务类别	功能类别	指标类别		物质量
支持服务	保育土壤	固土量（万吨/年）		26187.53
		减少氮流失（万吨/年）		36.15
		减少磷流失（万吨/年）		14.87
		减少钾流失（万吨/年）		348.27
		减少有机质流失（万吨/年）		583.46
	林木养分固持	氮固持（万吨/年）		18.34
		磷固持（万吨/年）		10.99
		钾固持（万吨/年）		15.28
调节服务	涵养水源	调节水量（亿立方米/年）		370.78
	固碳释氧	固碳（万吨/年）		2637.78
		释氧（万吨/年）		7838.34
	净化大气环境	提供负离子（$\times 10^{25}$个/年）		9.84
		吸收气体污染物（万吨/年）	二氧化硫	167.85
			氟化物	3.28
			氮氧化物	6.96
		滞尘（万吨/年）	滞纳TSP	23731.92
			滞纳PM_{10}	11.87
			滞纳$PM_{2.5}$	4.74

一、保育土壤

我国是世界上水土流失问题十分严重的国家，而湖南省也是全国水土流失严重的区域之一。湖南省土壤侵蚀类型主要为水力侵蚀。根据湖南省第三次水土流失遥感调查结果显示，截至 2016 年，湖南省有水土流失面积约 3.74 万平方千米，占湖南土地总面积的 17.63%，土壤水力侵蚀面积 3.23 万平方千米。按侵蚀强度分，轻度 1.96 万平方千米，中度 0.87 万平方千米，强烈 0.25 万平方千米，极强烈 1019.46 平方千米，剧烈 451.92 平方千米；年均土壤流失量约达 1.20 亿吨。其中，湘西北武陵山区、湘中丘陵区、湘南南岭山区等区域都是中度和强烈水土流失集中分布的地区（引自《湖南省水利普查公报（2015）》）。由于人为和自然等综合因素造成的水土流失导致土质退化、水库河道淤积和环境恶化，会遏制湖南社会经济的发展；同时，水土流失还会导致土壤养分的缺失，引起土地生产力和水环境质量的下降。森林具有强大的保育土壤功能。由表 3-1 可以看出，湖南省森林固土总物质量为 26187.53 万吨 / 年；减少土壤氮、磷、钾和有机质流失量分别为 36.15 万吨 / 年、14.87 万吨 / 年、348.27 万吨 / 年和583.46 万吨 / 年，保肥量总计为 982.75 万吨 / 年，这相当于湖南省 2018 年化肥施用总量的 1.08倍（引自《湖南统计年鉴（2019）》）。可见，湖南省森林生态系统保育土壤功能显著，保育土壤功能对于固持土壤、保护人民群众的生产、生活和财产安全的意义重大，进而维持了湖南省社会、经济、生态环境的可持续发展。

二、林木养分固持

林木在生长过程中不断从周围环境吸收营养物质，固定在植物体内，成为全球生物化学循环不可缺少的环节。林木养分固持功能与固土保肥中的保肥功能，无论从机理、空间部位，还是计算方法上都有本质区别，前者属于生物地球化学循环的范畴，而保肥功能是从水土保持的角度考虑，即如果一片区域没有植被，每年水土流失中也将包含一定的营养物质，属于物理过程。湖南省森林生态系统年林木养分固持总量为44.61万吨，相当于湖南省2018年化肥折纯量的18.39%（引自《湖南统计年鉴（2019）》）。从林木养分固持的过程可以看出，湖南省森林可以在一定程度上减少因为水土流失而带来的养分损失，在其生命周期内，使得固定在体内的养分元素进入生物地球化学循环，极大地降低了带给水库水体富营养化的可能性。

三、涵养水源

水资源问题不仅影响、制约现代社会的可持续发展，而且与人类的生存密切相关。湖南省分属长江流域（占总面积的97.6%）和珠江流域（占总面积的2.4%）。全省共有四大水系，分别为沅江、湘江、资江和澧水（引自《湖南省水资源公报（2017）》），因湖南地势东、南、西三面高，北面低；水流沿着山谷汇入四水，从南向北流注洞庭湖进入长江；湖南的河流属雨源河流，一遇暴雨，水位陡涨陡落，四大水系一般自4月开始涨水，7月、8月以后，水位低落，但有些年份也出现冬汛。全省已建成各类水库14096座，水库总容量514.12亿立方米。其中，大型水库45座，总库容350.58亿立方米，占68%；全省水资源总量为1343亿立方米；全省总供水量337.01亿立方米，其中地表水源占95.73%，地下水源占4.25%，其他水源占0.02%。全省总用水量337.01亿立方米，其中农业用水194.52亿立方米、工业用水93.22亿立方米、居民生活用水31.99亿立方米、城镇公共用水13.71亿立方米、生态环境用水3.57亿立方米（引自《湖南省水利发展统计公报（2018）》）。2018年，湖南省人均综合用水量为488.51立方米，较上年略有上升，但也仅为全国平均水平的1/2，是世界人均水平的2/15，远远低于国际公认的人均水量1000立方米的下限。由于社会经济的发展、人口增长和工农业生产等原因，对水的需求不断增加，使水资源供需矛盾凸显，水资源成为制约经济进一步发展的重要因素。湖南省地处亚热带，森林发挥着重要的涵养水源功能，年涵养水源量为370.78亿立方米（表3-1），相当湘江水资源量的49.86%（引自《湖南省水资源公报（2017）》）。可见，湖南省森林生态系统正如一座"绿色水库"，对维护湖南乃至长三角地区的水资源安全、保障水资源永续利用具有重要作用。

四、固碳释氧

森林生态系统发挥着重要的固碳释氧作用。湖南作为我国中南部地区的重要省份，近年来经济和工业发展迅速，对能源的需求大幅度增加。2010年以来，湖南省能源消费量不断增加，由 2010 年的 11323.33 万吨标准煤上升至 2017 年的 12399.97 万吨标准煤（引自《湖南统计年鉴（2018)》）。湖南省经济的高速增长对能源的需求也大幅度增加，依据《湖南统计年鉴（2018）》中湖南省能源的消费总量为 11058.68 万吨标准煤，利用碳排放转换系数（国家发展与改革委员会能源研究所，2003）换算可知，湖南省 2018 年碳排放量为 8294.01 万吨。由表 3-1 可知，湖南省森林固碳总物质量为 2637.78 万吨 / 年，释氧总物质量为 7838.34 万吨 / 年，相当于抵消了 2018 年全省碳排放量的 31.80%，能够抵消 3565.04 万吨标准煤完全转化释放的二氧化碳量。随着经济社会的快速发展，未来能源需求量还会增加，从而引起的经济发展与能源消费增加碳排放的矛盾还将继续；与工业减排相比，森林固碳投资少、代价低、综合效益大，更具经济可行性和现实操作性。因此，通过森林吸收、固定二氧化碳是实现减排目标的有效途径。

五、净化大气环境

随着城市化进程进一步提高，区域性大气复合性污染如颗粒物污染等日益严重，这些颗粒物不仅影响大气的能见度，产生大气光化学烟雾，加剧城市的温室效应（Christoforou et al.，2000）；同时这些粉尘颗粒物携带大量有毒物质和致病菌，直接危害人们的身体健康，可引发呼吸道支气管肺功能等疾病，增加死亡率等（高金晖等，2007）。森林生态系统发挥着巨大的净化大气环境功能，其通过植株的阻隔、过滤、滞纳、吸收、分解等过程将大气环境中的有害物质（如 SO_2、NO_x、粉尘、重金属、$PM_{2.5}$、PM_{10} 等）净化和降解，降低环境中的噪音污染，并提供大量的空气负离子等，从而有效地提高空气质量（柴一新等，2002；Tallis et al.，2011）。由表 3-1 可知，湖南省森林生态系统提供负离子总物质量为 9.84×10^{25} 个 / 年，吸收污染物总物质量为 178.09 万吨 / 年（吸收二氧化硫总物质量为 167.85 万吨 / 年，吸收氟化物总物质量为 3.28 万吨 / 年，吸收氮氧化物总物质量为 6.96 万吨 / 年），滞纳 TSP 总物质量为 23731.92 万吨 / 年，滞纳 PM_{10} 总物质量为 11.87 万吨 / 年，滞纳 $PM_{2.5}$ 总物质量为 4.74 万吨 / 年。习近平总书记在党的十九大报告中指出：坚持全民共治、源头防治，持续实施大气污染防治行动，打赢蓝天保卫战。森林在净化大气方面的功能无可替代，评估结果显示湖南省森林年吸收二氧化硫总物质量相当于燃烧 10507.58 万吨标准煤排放的二氧化硫量，是湖南省 2018 年大气二氧化硫总排放量的 10.13 倍（引自《湖南统计年鉴（2019)》）；吸收氮氧化物总物质量相当于湖南省 2018 年大气氮氧化物排放量的 20.84%（引自《湖南统计年鉴（2019)》）；滞尘总物质量是湖南省 2018 年大气烟（粉）尘总排放量的 1250.37 倍（引自《湖南统计年鉴（2019)》）。由此可以看出，湖南省森林生态系统在净化大气环境方面具有重大作用，森林生态系统通过吸滞 PM_{10} 与 $PM_{2.5}$ 降低了雾霾天气对人类造成的干扰和危害，未来随着森林生长质量的不断提高，其净化大气环境还有较大潜力，这对提高湖南乃至长三角地区的空气环境质量具有重要支撑作用。

第二节　各地级市森林生态系统服务功能物质量评估

湖南省下辖长沙市、株洲市、湘潭市、衡阳市、邵阳市、岳阳市、常德市、张家界市、益阳市、郴州市、永州市、娄底市、怀化市和湘西土家族苗族自治州14个地市（州）。湖南省森林生态系统服务功能物质量见表3-2，且各项生态系统服务功能物质量在各区间的空间分布格局如图3-1至图3-18。

一、保育土壤

水土流失是当今人类所面临的重要环境问题之一，已成为经济、社会可持续发展的一个重要制约因素。湖南省水土流失也比较严峻，严重的水土流失会造成耕作土层变薄，地力减退。森林凭借庞大的树冠、深厚的枯枝落叶层及强壮且成网络的根系截留大气降水，减少或避免雨滴对土壤表层的直接冲击，降低地表径流对土壤的冲蚀，使土壤流失量大大降低（宋庆丰，2015）；而且森林的生长发育及其代谢产物不断对土壤产生物理及化学影响，参与土体内部的能量转换与物质循环，使土壤肥力提高（夏尚光等，2016；任军等，2016）。湖南省各地市（州）森林固土物质量空间分布如图3-1所示，湖南省森林固土总量为2.62亿吨/年，怀化市森林固土量最多，年固土量为0.41亿吨，占湖南省森林年固土总量的15.52%，排前三的怀化市、永州市和郴州市年固土量占湖南省森林年固土总量的37.83%；湘潭市的森林固土量最少，仅为0.05亿吨/年，占湖南省森林年固土总量的1.78%。降低森林的土壤侵蚀模数能够很好地减少森林的土壤侵蚀量，对森林土壤形成较好的保护。怀化市森林面积最大且生长良好，枯落物层厚度较大，根系相互错结形成根系网，有效地固持土体，减少了水力和风力对土壤的接触面，降低径流形成，减少森林林地土壤侵蚀模数，起到较好的固土作用。相反，湘潭市等地市森林面积小，地表覆盖率低，容易形成地表径流，土壤侵蚀模数大，流失量较高。随着森林面积的增加和质量提升，湖南省水土流失状况明显好转，水土流失面积大幅下降，不同侵蚀强度的水土流失面积均有所减少。与2015年相比，2018年湖南全省水土流失面积减少6696平方千米，减幅为17.92%；全省中强度以上水土流失面积减少6509平方千米，减幅为54.89%，侵蚀强度大幅度下降。"十三五"以来，湖南坚持保护优先、防治结合的水土保持工作基本方略，不断加强人为水土流失监管力度，严格控制人为新增水土流失，因地制宜开展小流域综合治理、生态清洁小流域建设、坡耕地水土流失治理等项目，水利、国土、自然资源、林业等部门共同协作，全社会共同参与，全省水土流失得到了有效治理，生态环境质量持续改善。湖南省水土流失区主要集中于湘东罗霄山脉、湘西南天雷山—雪峰山、湘西北凤凰山—乌云界等地区，位于这些地市的森林生态系统固土量约占全省总固土量的49.62%以上。另外，这些地市内还分布有多座大中型水库，其森林生态系统的固土作用有效地延长了水库的使用寿命，为本区域社会、经济发展提供了重要保障。

　　森林不仅可以固定土壤，同时还能保持土壤肥力。图 3-2 至图 3-5 为湖南省各地市（州）森林生态系统减少氮、磷、钾和有机质流失量，减少土壤氮、磷、钾和有机质流失总量分别为 36.15 万吨 / 年、14.87 万吨 / 年、348.27 万吨 / 年和 583.46 万吨 / 年。湖南省怀化市森林保肥量最多，年减少氮、磷、钾和有机质流失量分别为 5.61 万吨、2.31 万吨、54.05 万吨和 90.56 万吨；湘潭市森林保肥量最小，年减少氮、磷、钾和有机质流失量分别为 0.64 万吨、0.26 万吨、6.19 万吨和 10.37 万吨。森林保肥功能与森林固土能力相互依存，正是由于森林较好地固持土壤，减少水土流失，从而使得其保肥功能也相对较高。湖南省重要的水库和湿地均分布于怀化市、郴州市和益阳市，如东江水库、五强溪水库和柘溪水库等，同时上述地区还是多条河流的干流和支流，生态区位十分重要，其森林生态系统所发挥的保肥功能，对于保障水源地水质安全和渤海流域的生态安全，保障经济、社会可持续发展具有十分重要的现实意义。水土流失过程中会携带的大量养分、重金属和化肥进入江河湖库，污染水体，使水体富营养化；水土流失越严重的地区，土壤越贫瘠，化肥、农药的使用量也越大，由此形成一种恶性循环。可见，湖南省西部和南部森林生态系统的保肥功能对维护湖南省社会和经济产业的稳定具有十分重要的作用。

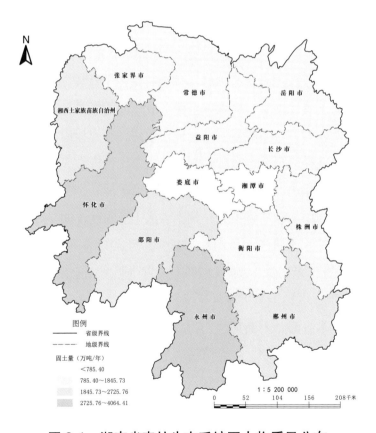

图 3-1　湖南省森林生态系统固土物质量分布

表 3-2　湖南省各地市（州）森林生态系统服务功能物质量评估结果

服务类别	支持服务									调节服务								
	保育土壤					林木养分固持（万吨/年）			涵养水源（亿立方米/年）	固碳释氧		提供负离子（×10²⁵个/年）	净化大气环境					
	固土	保肥（万吨/年）											吸收气体污染物（万吨/年）			滞尘		
地市（州）	固土（亿吨/年）	减少氮流失	减少磷流失	减少钾流失	减少有机质流失	氮固持	磷固持	钾固持	涵养水源（亿立方米/年）	固碳（万吨/年）	释氧（万吨/年）	提供负离子（×10²⁵个/年）	吸收二氧化硫（万吨/年）	吸收氟化物（万吨/年）	吸收氮氧化物（万吨/年）	滞纳TSP（亿吨/年）	滞纳PM₁₀（万吨/年）	滞纳PM₂.₅（万吨/年）
长沙市	0.13	1.82	0.75	17.52	29.35	0.92	0.55	0.77	18.65	132.67	394.23	0.49	8.44	0.16	0.35	0.12	0.6	0.24
株洲市	0.16	2.15	0.88	20.68	34.64	1.09	0.65	0.91	22.02	156.62	465.41	0.58	9.97	0.19	0.41	0.14	0.7	0.28
湘潭市	0.05	0.64	0.26	6.19	10.37	0.33	0.2	0.27	6.59	46.86	139.25	0.17	2.98	0.06	0.12	0.04	0.21	0.08
衡阳市	0.17	2.34	0.96	22.53	37.74	1.19	0.71	0.99	23.98	170.62	507.01	0.64	10.86	0.21	0.45	0.15	0.77	0.31
邵阳市	0.25	3.5	1.44	33.75	56.54	1.78	1.06	1.48	35.93	255.62	759.59	0.95	16.27	0.32	0.67	0.23	1.15	0.46
岳阳市	0.12	1.72	0.71	16.54	27.71	0.87	0.52	0.73	17.61	125.26	372.22	0.47	7.97	0.16	0.33	0.11	0.56	0.23
常德市	0.18	2.55	1.05	24.55	41.12	1.29	0.77	1.08	26.13	185.91	552.46	0.69	11.83	0.23	0.49	0.17	0.84	0.33
张家界市	0.13	1.86	0.76	17.9	29.99	0.94	0.56	0.79	19.06	135.59	402.9	0.51	8.63	0.17	0.36	0.12	0.61	0.24
益阳市	0.13	1.75	0.72	16.85	28.23	0.89	0.53	0.74	17.94	127.61	379.21	0.48	8.12	0.16	0.34	0.11	0.57	0.23
郴州市	0.27	3.76	1.55	36.25	60.73	1.91	1.14	1.59	38.59	274.56	815.86	1.02	17.47	0.34	0.72	0.25	1.24	0.49
永州市	0.31	4.3	1.77	41.45	69.45	2.18	1.31	1.82	44.13	313.97	932.99	1.17	19.98	0.39	0.83	0.28	1.41	0.56
娄底市	0.08	1.08	0.45	10.45	17.5	0.55	0.33	0.46	11.12	79.11	235.08	0.3	5.03	0.1	0.21	0.07	0.36	0.14
怀化市	0.41	5.61	2.31	54.05	90.56	2.85	1.71	2.37	57.55	409.39	1216.5	1.53	26.05	0.51	1.08	0.37	1.84	0.74
湘西土家族苗族自治州	0.22	3.07	1.26	29.57	49.54	1.56	0.93	1.3	31.48	223.99	665.59	0.84	14.25	0.28	0.59	0.2	1.01	0.4
合计	2.62	36.15	14.87	348.27	583.46	18.34	10.99	15.28	370.78	2637.8	7838.34	9.84	167.85	3.28	6.96	2.37	11.87	4.74

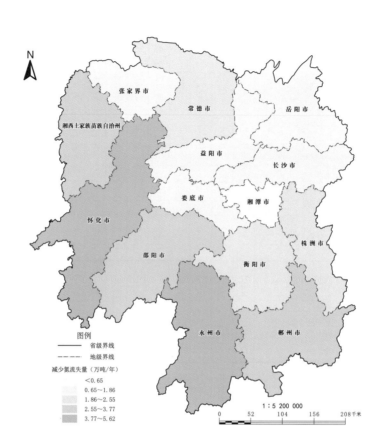

图 3-2　湖南省森林生态系统减少氮流失量分布

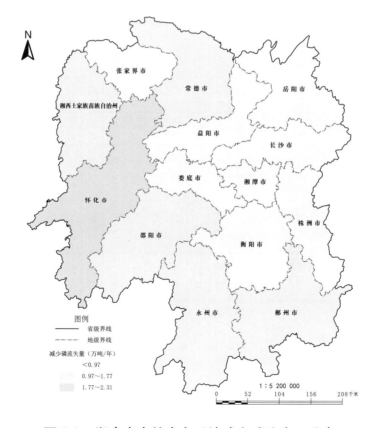

图 3-3　湖南省森林生态系统减少磷流失量分布

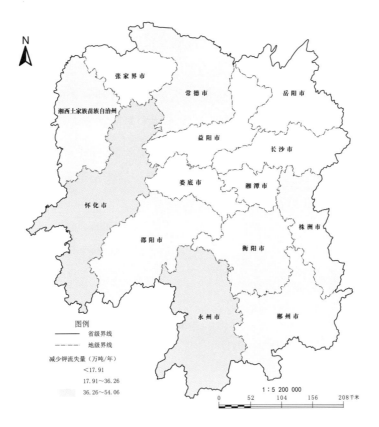

图 3-4 湖南省森林生态系统减少钾流失量分布

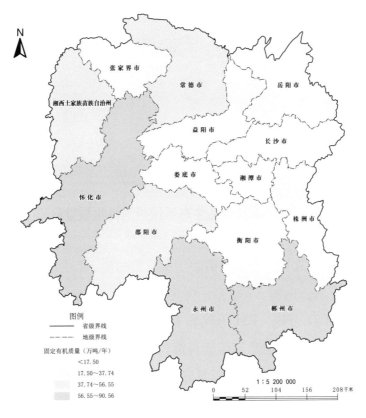

图 3-5 湖南省森林生态系统减少有机质流失量分布

二、林木养分固持

湖南省各地市（州）森林生态系统氮固持量分布如图 3-6 所示。全省森林年林木氮固持总量为 18.34 万吨 / 年。由图 3-6 可知，怀化市森林生态系统年林木氮固持量最大，为 2.85 万吨；其次是永州市和郴州市，年氮固持量分别为 2.18 万吨和 1.91 万吨，这 3 个市占全省森林年林木氮固持总量的 37.83%；湘潭市森林年林木氮固持量最小，为 0.33 万吨，仅占全省森林年林木氮固持总量的 1.78%。湖南省各地市（州）森林年林木氮固持量排序为怀化市＞永州市＞郴州市＞邵阳市＞湘西土家族苗族自治州＞常德市＞衡阳市＞株洲市＞张家界市＞长沙市＞益阳市＞岳阳市＞娄底市＞湘潭市。

图 3-6　湖南省森林生态系统氮固持物质量分布

湖南省各地市（州）森林生态系统磷固持量分布如图 3-7 所示，全省森林年林木磷固持总量为 10.99 万吨 / 年。由图 3-7 可知，怀化市、永州市和郴州市的森林年林木磷固持量位居前三，分别为 1.71 万吨、1.31 万吨和 1.14 万吨，占全省森林年林木磷固持总量的 37.83%；其次是邵阳市、湘西土家族苗族自治州、常德市、衡阳市、株洲市、张家界市、长沙市、益阳市和岳阳市，年林木磷固持量在 0.52 万 ~ 1.06 万吨之间，占全省森林年林木磷固持总量的 57.39%；娄底市和湘潭市森林年林木磷固持量最小，均在 0.35 万吨以下，占全省森林年林木磷固持总量的 10.13%。

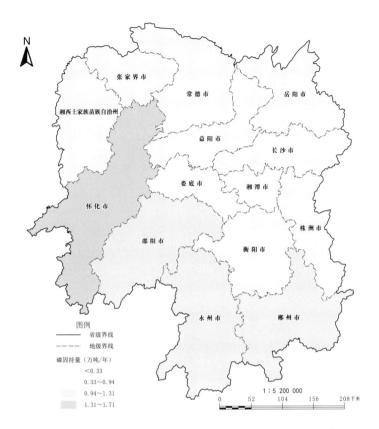

图 3-7　湖南省森林生态系统磷固持物质量分布

湖南省各地市（州）森林生态系统林木钾固持量分布如图 3-8 所示，全省森林年林木钾固持总量为 15.28 万吨。由图 3-8 可知，怀化市、永州市和郴州市的森林年林木钾固持量最大，分别为 2.37 万吨、1.82 万吨和 1.59 万吨，占全省森林年林木钾固持总量的 37.83%；其次是邵阳市、湘西土家族苗族自治州、常德市、衡阳市、株洲市、张家界市、长沙市、益阳市和岳阳市，年林木钾固持量在 0.73 万～ 1.48 万吨之间；湘潭市森林年林木钾固持量最小，为 0.27 万吨，占湖南省森林年林木钾固持总量的 1.78%。林木养分固持效益的发挥与林分的净生产力密切相关。由于林分类型、水热条件和土壤状况的差异性，各区域的植被净生产力不同（任军等，2016）。湖南省森林净初级生产力在不同地市的差异较大，呈现出四周向中部城市群递减的趋势。南部地区（永州市、郴州市、怀化市和邵阳市）每平方米净初级生产力较高，而长沙市、岳阳市、娄底市和湘潭市等地森林每平方米净初级生产力较低，此差异是引起森林养分固持差异的主要原因。

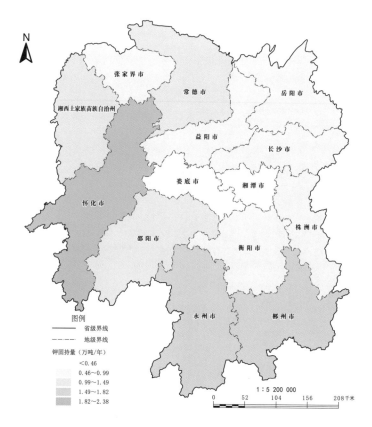

图 3-8　湖南省森林生态系统钾固持物质量分布

三、涵养水源

　　森林通过截留降水、林下层植被截留降水、枯枝落叶层持水、土壤持水和调节径流，发挥其涵蓄水源、消减洪峰的作用。湖南省水资源总量不足，人均占有量也偏少，水资源供需矛盾突出，水资源短缺已成为制约湖南省社会、经济发展的最大瓶颈。可见，解决城市的缺水问题，直接关系到居民的生活、社会的稳定、城市的经济发展。因此，处于快速发展中的湖南，必须将水资源的永续利用与保护作为实施可持续发展的战略重点，以促进湖南省"生态—经济—社会"的健康运行与协调发展。如何破解这一难题，应对湖南省水资源不足与社会、经济可持续发展之间的矛盾，只有从增加贮备和合理用水这两方面着手，建设水利设施拦截水流增加贮备的工程方法。同时，运用生物工程的方法，特别是发挥森林植被的涵养水源功能，也应该引起人们的高度关注。湖南省各地市（州）森林涵养水源物质量空间分布如图 3-9 所示，湖南省森林涵养水源总量为 370.78 亿立方米 / 年，森林总面积位居第一的怀化市涵养水源物质量最大，为 57.55 亿立方米 / 年，比湖南省森林总面积第二的永州市高13.41 亿立方米 / 年；怀化市、永州市、郴州市和邵阳市涵养水源物质量位居前四，均在 35亿立方米 / 年以上，这 4 个地市涵养水源量占全省涵养水源总物质量的 47.52%；湘西土家族苗族自治州、常德市、张家界市、衡阳市、株洲市、岳阳市、长沙市和益阳市涵养水源物质量在 17.61 亿～ 31.48 亿立方米 / 年之间，占涵养水源总物质量的 47.70%；娄底市和湘潭市涵养水源物质量在12亿立方米/年以下，分别仅为11.12亿立方米/年和6.59亿立方米/年，仅占涵养水源总物质量的4.78%。

怀化市古称"五溪之地"，其境内重要的支流有酉水、辰水、溆水、舞水和渠水；怀化市内有多条河流和水库，沅江从其境内通过，水分条件良好，森林生长繁茂，可以减少径流的形成，减少水资源流失，且森林面积在众多地市（州）中最大，故其涵养水源量最高；长沙市、益阳市、娄底市和湘潭市位于湖南省中心地带，森林面积小，树种少，城市群集中，水汽蒸发量大，森林的蒸腾作用较强，使得这些区的涵养水源功能物质量较低。但是各地市（州）之间差异较大，这与各地市（州）的森林面积、经济状况和人口数量有直接的关系，这也恰恰说明了森林生态系统的涵养水源功能可以在一定程度上保证社会的水资源安全。湖南省由于春夏季降雨集中且多强降雨，森林生态系统的涵养水源功能可以起到消减洪峰的作用，可以降低地质灾害发生可能性。另一方面，森林生态系统涵养水源功能能够延缓径流产生的时间，起到了调节水资源时间分配不均匀的作用。湖南省各地市（州）森林生态系统调节水量与其降水量相比，森林生态系统能够把将近70.61%的降水截留，降低了该区灾害发生的可能，保障了人们的生命财产安全，这说明每个地市（州）将有更多的水量用于旱期农田灌溉，对于提高农田产量具有极大的促进作用。

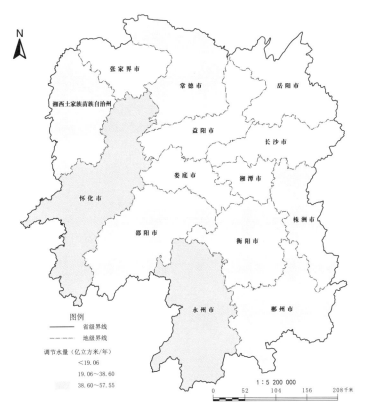

图3-9　湖南省森林生态系统涵养水源物质量分布

四、固碳释氧

森林是陆地生态系统最大的碳储库，在全球碳循环过程中起着重要作用。就森林对储存碳的贡献而言，森林面积占全球陆地面积的27.6%，森林植被的碳贮量约占全球植被的77%，森林土壤的碳贮量约占全球土壤的39%。森林固碳机制是通过森林自身的光合作用过程吸收二氧化碳，并蓄积在树干、根部及枝叶等部分，从而抑制大气中二氧化碳浓度的上升，有效地起到了绿色减排的作用。森林生态系统具有较高的碳储存密度，即与其他土地利用方式相比，其单位面积内可以储存更多的有机碳。因而，提高森林碳汇功能是降低碳总量非常有效的途径。

湖南省各地市（州）森林年固碳量如图3-10所示，全省固碳总量为2637.78万吨/年。由图3-10可知，怀化市、永州市和郴州市的固碳量位居前三，年固碳量均大于270万吨，分别为409.39万吨、313.97万吨和274.56万吨，占湖南省森林年固碳总量的37.83%；邵阳市、湘西土家族苗族自治州、常德市、衡阳市、株洲市、张家界市、长沙市、益阳市和岳阳市的年固碳量居中，在125.26万～255.62万吨/年之间；娄底市和湘潭市的年固碳量最小，分别为79.11万吨和46.86万吨，这两市固碳量仅占湖南省森林年固碳总量的4.78%。

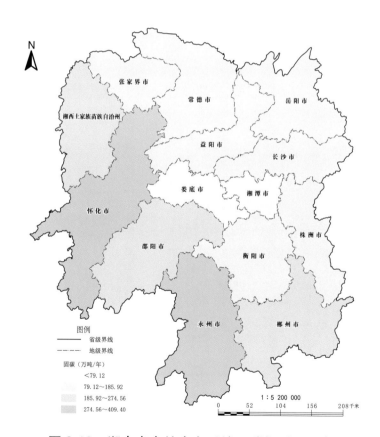

图3-10　湖南省森林生态系统固碳物质量分布

湖南省各地市（州）森林年释氧量各有不同（图3-11），全省释氧总量为7838.34万吨/年；怀化市的年释氧量最大，为1216.54万吨，占湖南省森林年释氧总量的15.52%；其次是永州市和郴州市，年释氧量分别为932.99万吨和815.86万吨；湘潭市的年释氧量最小，仅为139.25万吨，占湖南省森林年释氧总量的1.78%。湖南省各地市（州）森林年释氧量排序为怀化市＞永州市＞郴州市＞邵阳市＞湘西土家族苗族自治州＞常德市＞衡阳市＞株洲市＞张家界市＞长沙市＞益阳市＞岳阳市＞娄底市＞湘潭市。

湖南省南部和西部地区森林资源丰富，其森林生态系统固碳功能在一定程度上缓解本区域内自然资源、生态环境与可持续发展之间的矛盾，对区域碳减排及低碳经济研究具有一定的现实意义。但是相比之下，经济较为活跃的区域（长沙市、岳阳市、常德市和湘潭市），其固碳能力较低。2018年，由湖南省标准煤消耗总量折算得到其碳排放量为8294.04万吨(湖南省统计局，2020)，湖南省森林固碳量相当于吸收了2018年全省碳排放量的31.80%。由此可见，湖南省处于长三角城市群经济圈地带，森林生态系统可以吸收工业碳排放，减缓空气污染。

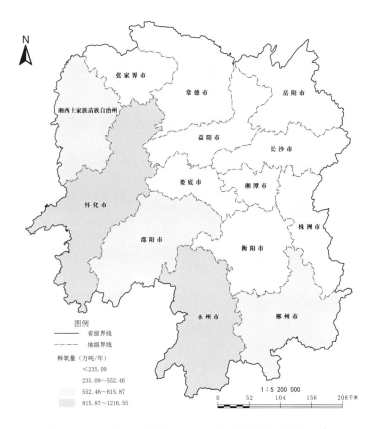

图 3-11 湖南省森林生态系统释氧物质量分布

五、净化大气环境

空气负离子是一种重要的无形旅游资源，具有杀菌、降尘、清洁空气的功效，被誉为"空气维生素与生长素"，对人体健康十分有益（徐昭晖，2004），能改善肺器官功能，增加肺部吸氧量，促进人体新陈代谢，激活肌体多种酶和改善睡眠，提高人体免疫力、抗病能力（徐昭晖，2004）。随着生态旅游的兴起及人们保健意识的增强，空气负离子作为一种重要的旅游资源已越来越受到人们的重视（张艳丽）。绿地环境中的空气负离子浓度高于城市居民区的空气负离子浓度，人们到绿地游憩区旅游的重要目的之一是呼吸清新空气。由图3-12可知，全省森林提供负离子总量为9.84×10^{25}个/年。湖南省各地市（州）森林生态系统年提供负离子量怀化市、永州市、郴州市位居前三，年提供负离子量均大于1.00×10^{25}个，占全省森林年提供负离子总量的37.83%；邵阳市、湘西土家族苗族自治州、常德市、衡阳市、株洲市、张家界市、长沙市、益阳市和岳阳市居中，年提供负离子量在$0.47 \times 10^{25} \sim 0.95 \times 10^{25}$个之间；娄底市和湘潭市位居最后两位，年提供负离子量分别为0.30×10^{25}个和0.17×10^{25}个。原因：首先为怀化市、永州市和郴州市地处湖南的南部，而南部地区海拔相对较高，均在1000米以上，海拔高容易受到宇宙射线的影响，负离子的浓度增加明显，湘中大部分为断续红岩盆地、灰岩盆地及丘陵、阶地，海拔在500米以下，北部是湖南省地势最低、最平坦的洞庭湖平原；其次是南部地区水文条件优越，区内水库较多，水源条件好的区域产生负离子也会越多（张维康，2016）；第三是因为南部地区森林面积最大，大量树木存在"尖端放电"，产生的电荷使空气发生电离从而增加更多负离子。从评估结果可以看出，湖南省南部山区森林生态系统产生负离子量最多，具有较高的旅游资源潜力。

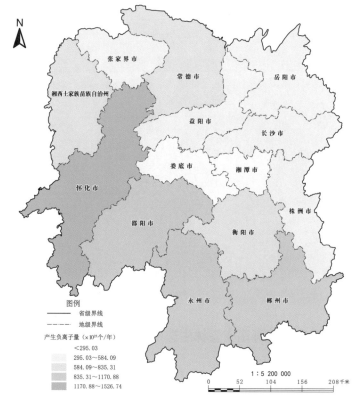

图 3-12　湖南省森林生态系统提供负离子物质量空间分布

植物叶片具有吸附、吸收污染物或阻碍污染物扩散的作用，这种作用通过两种途径来实现：一是通过叶片吸收大气中的有害物质，降低大气有害物质的浓度；二是将有害物质在体内分解，转化为无害物质后代谢利用。

　　二氧化硫是城市的主要污染物之一，对人体健康以及动植物生长危害比较严重。同时，硫元素还是树木体内氨基酸的组成成分，也是林木所需要的营养元素之一，所以树木中都含有一定量的硫，在正常情况下树体中硫含量为干重的 0.1% ~ 0.3%。当空气被二氧化硫污染时，树木体内的含量为正常含量的 5 ~ 10 倍。湖南省各地市（州）森林生态系统吸收二氧化硫分布如图 3-13 所示，全省森林吸收二氧化硫总量为 167.85 万吨 / 年。由图 3-13 可知，怀化市、永州市和郴州市年吸收二氧化硫量排前三，年吸收二氧化硫量分别为 26.05 万吨、19.98 万吨和 17.47 万吨，最大的怀化市占湖南省森林年吸收二氧化硫总量的 15.52%；郴州市、邵阳市、湘西土家族苗族自治州、常德市和衡阳市的年吸收二氧化硫量在 10.86 万 ~ 16.27 万吨之间；株洲市、张家界市、长沙市、益阳市、岳阳市、娄底市和湘潭市年吸收二氧化硫量均在 10 万吨以下；最小的湘潭市年吸收二氧化硫量仅为 2.98 万吨。湖南省各地市（州）森林年吸收二氧化硫量排序为怀化市＞永州市＞郴州市＞邵阳市＞湘西土家族苗族自治州＞常德市＞衡阳市＞株洲市＞张家界市＞长沙市＞益阳市＞岳阳市＞娄底市＞湘潭市。湖南省森林年吸收二氧化硫总物质量相当于燃烧 10507.58 万吨标准煤排放的二氧化硫量（引自《湖南统计年鉴（2018)》）。可见，湖南省森林生态系统对吸收空气中二氧化硫作用显著。

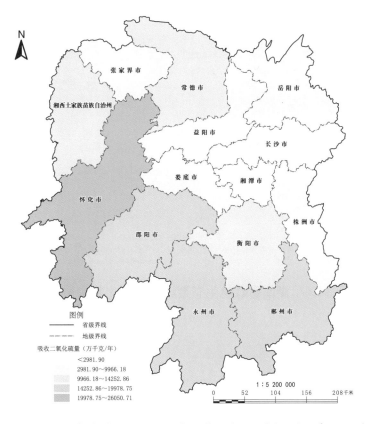

图 3-13　湖南省森林生态系统吸收二氧化硫物质量空间分布

　　氮氧化物、氟化物是大气污染的重要组成部分,它会破坏臭氧层,从而改变紫外线到达地面的强度。另外,酸雨对生态环境的影响已经广为人知,而大气氮氧化物是酸雨产生的重要来源。湖南省森林生态系统吸收氮氧化物功能,在一定程度上降低了酸雨发生的可能性。湖南省各地市(州)森林生态系统吸收氟化物和氮氧化物物质量分布如图 3-14 至图 3-15。全省森林吸收氟化物和氮氧化物总量分别为 3.28 万吨 / 年和 6.96 万吨 / 年,其吸收氮氧化物总物质量相当于湖南省大气氮氧化物排放量的 20.84%(引自《湖南统计年鉴(2019)》)。怀化市森林年吸收氟化物(0.51 万吨)和氮氧化物(1.08 万吨)的量最多;湘潭市年吸收氟化物和氮氧化物量最少,分别为 0.06 万吨和 0.12 万吨。湖南省各地市(州)森林年吸收氟化物和氮氧化物量大小排序一致,均为怀化市、永州市和郴州市居前三,邵阳市、湘西土家族苗族自治州、常德市、衡阳市、株洲市和张家界市居中,长沙市、益阳市、岳阳市、娄底市和湘潭市排后五位。

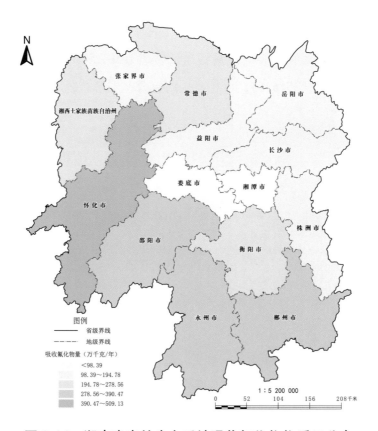

图 3-14　湖南省森林生态系统吸收氟化物物质量分布

图 3-15 湖南省森林生态系统吸收氮氧化物物质量分布

怀化市、永州市和郴州市由于森林面积大、生物量大，在净化大气污染物中贡献最大；而湘潭市和娄底市净化大气污染物能力较低，这说明不同地市森林的面积和大气污染程度存在密切关系。2018 年湖南省环境质量状况表明，全省 14 个市（州）所在城市的空气质量排名从好到差依次为湘西、张家界、怀化、郴州、益阳、娄底、常德、永州、邵阳、岳阳、衡阳、长沙、株洲、湘潭。可见，中心区域长沙、株洲、湘潭的空气质量较差，污染较大，这主要与机动车尾气、工业燃煤、建筑扬尘和道路扬尘等诸多因素有关。这些市（州）的车流量大，人为活动多，大气污染较严重，但是森林面积较小，覆盖率低，故导致其森林生态系统吸收污染物功能较低。

由图 3-16 可知，湖南省各地市（州）森林生态系统滞纳 TSP 总量为 2.37 亿吨 / 年，怀化市、永州市和郴州市森林滞纳 TSP 量最大，其年滞纳 TSP 量分别为 0.37 亿吨、0.28 亿吨和 0.25 亿吨；邵阳市、湘西土家族苗族自治州、常德市、衡阳市、株洲市、张家界市、长沙市、益阳市和岳阳市森林滞尘量居中，年滞纳 TSP 量在 0.11 亿~ 0.23 亿吨之间；娄底市和湘潭市的森林滞纳 TSP 总量最小，年滞纳 TSP 量分别为 0.07 亿吨和 0.04 亿吨。

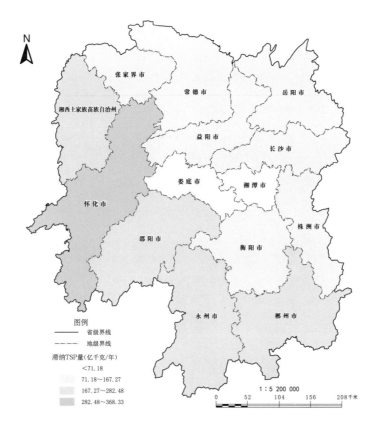

图 3-16　湖南省森林生态系统滞纳 TSP 物质量分布

　　图 3-17 为湖南省森林生态系统滞纳 PM_{10} 量，年滞纳 PM_{10} 总量为 11.87 万吨，不同地市（州）森林滞纳 PM_{10} 量排序为怀化市＞永州市＞郴州市＞邵阳市＞湘西土家族苗族自治州＞常德市＞衡阳市＞株洲市＞张家界市＞长沙市＞益阳市＞岳阳市＞娄底市＞湘潭市。图 3-18 为湖南省森林生态系统滞纳 $PM_{2.5}$ 量，年滞纳 $PM_{2.5}$ 总量为 4.74 万吨，不同地市（州）森林滞纳 $PM_{2.5}$ 量排序为怀化市＞永州市＞郴州市＞邵阳市＞湘西土家族苗族自治州＞常德市＞衡阳市＞株洲市＞张家界市＞长沙市＞益阳市＞岳阳市＞娄底市＞湘潭市。怀化市、永州市、湘西土家族苗族自治州、邵阳市由于森林面积大、生物量大，在滞尘、净化 $PM_{2.5}$ 和 PM_{10} 功能中贡献最大；而各区中比较低的是娄底市和湘潭市，这与区域内森林的面积、大气污染物的浓度密切相关。

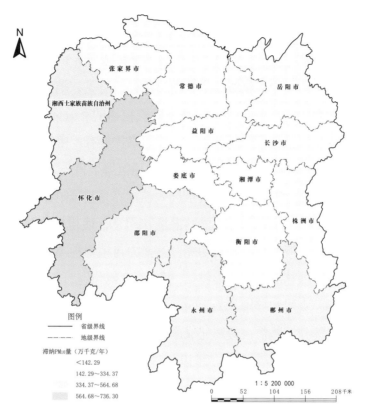

图 3-17　湖南省森林生态系统滞纳 PM$_{10}$ 物质量分布

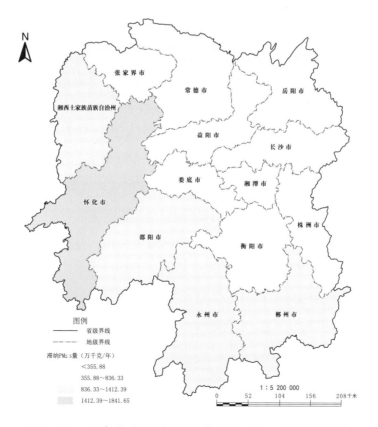

图 3-18　湖南省森林生态系统滞纳 PM$_{2.5}$ 物质量分布

植被对提高空气质量具有重要作用（Tallis M et al., 2011）。大量研究证明，植物能净化空气中的颗粒物，特别是在吸收大气污染物，提高空气环境质量上具有显著的效果（周志翔等，2002）。植物叶片因其表面性能（如绒毛和蜡质表皮等）可以吸附和固定大气颗粒污染物，使其脱离大气环境而成为净化城市的重要过滤体。可见，植物可作为大气污染物的吸收器，降低大气粉尘浓度，是一种从大气环境去除颗粒物的有效途径（邱媛等，2008）。森林也具有净化大气环境、滞纳颗粒物的作用：一方面森林具有茂密的树冠结构，可以起到降低风速的作用，使空气中大量的污染物和颗粒物快速沉降；另一方面，由于植被的蒸腾作用，使树冠周围和叶表面保持较大湿度，故空气颗粒物容易被吸附在叶片表面（Chen et al., 2016）。此外，叶表面吸附的颗粒物在降雨的淋洗作用下，使得植物又重新恢复滞尘能力。植物对空气颗粒物有吸附、滞纳和过滤的功能，其能力与植物种类、区域特性、叶面积大小和自然环境等因素有关。森林对大气污染物（二氧化硫、氟化物、氮氧化物、粉尘、重金属）具有很好的阻滞、过滤、吸附和分解作用；同时，植被叶表面粗糙不平，通过绒毛、油脂或其他黏性物质可以吸附部分沉降物，最终完成净化大气环境的过程，从而改善人们的生活环境，保证社会经济的健康发展（罗佳等，2019）。湖南省森林年吸收二氧化硫总量是湖南省2018年大气二氧化硫总排放量的10.13倍（引自《湖南统计年鉴（2019）》）。可见，随着未来管理加强，森林生长质量的提高，湖南省森林强大的净化大气环境能力还将增强，可以充分调控区域内的空气颗粒物和大气污染物，为提升中南地区的空气质量作出贡献。

《2018年湖南省环境质量状况公报》显示：湖南省14个市（州）所在城市平均优良天数比例为85.4%。14个城市环境空气中的二氧化硫、二氧化氮、一氧化碳、臭氧、PM_{10}等5项污染物全年平均浓度分别为12微克/立方米、26微克/立方米、1.5毫克/立方米、140微克/立方米、66微克/立方米，均优于国家二级标准；全省14个城市$PM_{2.5}$年均浓度为41微克/立方米，超过国家二级标准。全省二氧化硫年均浓度为比上年下降14.3%，二氧化氮年均浓度与上年持平，一氧化碳年均浓度比上年下降6.2%，PM_{10}年均浓度比上年下降9.6%，$PM_{2.5}$年均浓度比上年下降10.9%。这充分说明湖南省森林生态系统吸收污染物量和滞尘量加上工业消减量，对维护湖南省空气环境安全起到了非常重要的作用。由此还可以增加当地居民的旅游收入，进一步调整区域内的经济发展模式，提高第三产业经济总量，提高人们保护生态环境的意识，形成一种良性的经济循环模式。

从以上评估结果分析中可以看出，湖南省森林生态系统各项服务的空间分布格局基本呈现出南部最大，西部和北部次之，中东部最低的特征。究其原因，主要有以下几点：

1.森林资源结构组成

第一，与森林面积分布直接相关。从各项服务的评估公式中可以看出，森林面积是生态系统服务强弱的最直接影响因子。由表3-2可见，物质量较大的南部的地级市，森林面积明显大于其他地级市；西部和北部也多山地，如张家界市、湘西土家族苗族自治州等地的森林面积小于西南部的怀化市，且西部山区，人为干扰程度低于中东部地区，森林资源受到的破坏程度低。中东部地区地势较低，多为丘陵，山地面积少，地势相对平坦，且经济活动较为活跃，森林资源面积比南部、西南、西北少，森林资源质量有待提高，由于较长时间的农田开垦与经济发展，使得此区域内森林面积较少，如湘潭市和长沙市。所以，南部和西部山区森林生态系统服务功能较强，中部较小。

第二，与林龄结构有关。森林生态系统服务是在林木生长过程中产生的，林木的高生长会对生态系统服务带来正面的影响（宋庆丰等，2015）。林木生长的快慢反映在净初级生产力上。影响净初级生产力的因素包括林分因子、气候因子、土壤因子和地形因子。它们对净初级生产力的贡献率不同，分别为 56.7%、16.5%、2.4% 和 24.4%。林分因子中，林分林龄对净初级生产力的变化影响较大，中龄林和近熟林有绝对的优势（樊兰英，2017），从湖南省森林资源数据中可以看出，南部和西部山区中龄林、近熟林的面积分别占各自总面积的比例较高，而中东部丘陵区幼龄林和中龄林面积比例较高。林分年龄与其单位面积水源涵养效益呈正相关关系，随着林分年龄的不断增长，这种效益的增长速度逐渐变缓，本研究结果证实了以上现象的存在。森林从地上冠层到地下根系都对水土流失有着直接或间接的作用，只有森林对地面的覆盖达到一定程度时，才能起到防止土壤侵蚀的作用。随着植被的不断生长，根系对土壤的缠绕支撑作用增强，进而增加了土壤抗侵蚀能力。但森林生态系统的土壤保育功能不可能随着森林的持续增长和林分蓄积量的逐渐增加而持续增长。土壤养分随着地表径流的流失与乔木层及其根、冠生物量呈现幂函数变化曲线，其转折点基本在中龄林和近熟林之间。这主要由于森林生产力存在最大值现象，达到一定林龄，其会随着林龄的增长而降低（杨凤萍，2013）。

第三，与森林质量有关，即与生物量有直接关系。由于蓄积量与生物量存在定量关系，则蓄积量可以代表森林质量。怀化市、邵阳市、永州市和郴州市的蓄积量最大，娄底市和湘潭市的蓄积量最小。有研究表明，生物量的高生长会带动其他森林生态系统服务功能项的增强（谢高地，2003）。生态系统的单位面积生态功能的大小与该生态系统的生物量有密切关系，一般来说，生物量越大，生态系统功能越强（Fang et al.，2001）。优势树种（组）大量研究结果印证了随着森林蓄积量的增长，涵养水源功能逐渐增强的结论，主要表现在林冠截留、枯落物蓄水、土壤层蓄水和土壤入渗等方面的提升。但是，随着林分蓄积量的增长，林冠结构枯落物厚度和土壤结构将达到相对稳定的状态，此时的涵养水源能力应该也处于一个相对稳定的最高值。森林生态系统涵养水源功能较强时，其固土功能也必然较高，其与林分蓄积量也存在较大的关系。森林蓄积量的增加即为生物量的增加，生物量的增加即为植被固碳量的增加。另外，土壤固碳量也是影响森林生态系统固碳量的主要原因，全球陆地生态系统碳库的 70% 左右被封存在土壤中，即在地表植被覆盖不发生剧烈变化的情况下，土壤碳库是相对稳定的。

第四，与林种结构组成有关。林种结构的组成一定程度反映了某区域在林业规划中所承担的林业建设任务。比如，当某一区域分布着大面积的防护林时，这就说明该地区发展林业建设侧重的是防护功能。当某一特定区域由于地形、地貌等原因，容易发生水土流失时，那么构建的防护林体系一定是水土保持林，主要起到固持水土的功能，当某一特定区域位于大江大河的水源地，或者重要水库的水源地时，那么构建的防护林一定是水源涵养林，主要起水源涵养和调洪蓄洪的功能。由湖南省森林资源数据可以得出，湖南省的防护林占乔木林总面积的 38.11%，其中水源涵养林占防护林的 58.56%，水土保持林占防护林的 37.94%，且这些防护林主要分布在西部和南部山区，这些地区恰是湖南省河流或水库的水源地，分布着大量的水源涵养林。

2. 气候因素

在所有的气候因素中，能够对森林生长造成影响的主要是温度和降水。因为水热条件会限制林木的生长，在湿度和温度均较低时，土壤的呼吸速率会减慢。水热条件通过影响森林树木生长，进而对森林生态系统服务功能产生作用。

通过查阅相关统计资源，湖南省年平均气温介于 16 ~ 19℃之间，空间分布基本呈现自东向西递减的趋势。在一定温度范围内，温度越高，森林生长越快，其生态系统服务功能也就越强。其原因：其一，温度越高，植物的蒸腾速率也越大，那么由蒸腾拉力所带动的体内养分元素循环加快，继而增加生物量的积累；其二，在水分充足的前提下，温度越高，蒸腾速率加快，而此时植物叶片气孔处于完全打开的状态，这样增强了植物的呼吸作用，为光合作用提供充足的二氧化碳；其三，温度通过控制叶片中淀粉的降解和运转以及糖分与蛋白质之间的转化，进而起到调控叶片光合速率的作用。另外，降水量与森林生态效益呈正相关关系，主要是由于降水量作为参数被用于森林生态系统涵养水源功能的计算，与涵养水源生态效益呈现正相关；另一方面，降水量的大小还会影响生物量的高低，进而影响到固碳释氧功能（牛香，2012；国家林业局，2013）。湖南省降水量分布总的趋势是中东部和南部降水量大，西部小于东部，山区多于丘陵，山地迎风坡多于背风坡。2018 年全省平均降水量 1363.70 毫米，较 2017 年偏少 9.0%，较多年平均偏少 6.0%（湖南省水利厅，2019）。由评估公式可以看出，降水量是森林生态系统涵养水源功能的一项重要评估指标，北部和南部森林的涵养水源量高于西部，北部和南部降水量高于西部是重要的原因之一。降水量还与森林滞纳 TSP、PM_{10} 和 $PM_{2.5}$ 量的高低有直接关系，因为降水量大意味着一年内雨水对植被叶片颗粒物的清洗次数增加，由此带来森林滞纳 TSP、PM_{10} 和 $PM_{2.5}$ 功能的增强。

3. 区域性要素

湖南省各地市（州）各有其特点。西部和南部为山区，森林种类丰富、面积最大，林木生长量高，自然植被保护相对较好，生物多样性较为丰富，水库较多；同时，也是水土流失重点治理区；另外，相对于中东部地区，此区域森林生态系统受人为干扰较少，土壤较为肥沃。湖南东部以山地和丘陵为主，气候温和，水量充沛，为森林生长提供了良好的生长环境。南部和西部山区的蒸散量低，有利于涵养水源，水热条件好、植被覆盖度高，土壤中的有机质含量高，在固持相同土壤量的情况下，能够避免更多的土壤养分流失，且南部和西部地区涵养水源能力强，减弱了地表径流的形成，减少了对土壤的冲刷，保育土壤能力强。东部为城市中心区，是湖南省经济最活跃的区域，区内交通发达，人为活动频繁，生态环境脆弱。北部为正在发展快速发展的区域，森林林地生产力不高，单位面积蓄积量和生长量比较低。由于以上区域因素对森林木的生长产生了影响，进而影响到了森林生态系统服务功能的差异。

总的来说，湖南省森林生态系统服务功能表现为南部和西部地区大于北部、中部和东部地区的空间分布格局，主要受森林分布面积、树种组成、气候要素和区域性要素的影响。这些原因均是对森林生态系统净生产力产生作用的前提下，继而影响了森林生态系统服务功能的强弱。

第三节　不同优势树种（组）生态系统服务物质量评估

本研究根据湖南省森林生态系统服务功能评估公式，并基于湖南省森林资源数据，依据国家标准《森林生态系统服务功能评估规范》（GB/T 38582—2020）测算了不同优势树种（组）生态系统服务功能的物质量，结果见表3-3。

一、保育土壤

杉木、灌木林、针阔混、阔叶混、马尾松和竹林这6种优势树种（组）的固土量较多，分别为5869.23万吨/年、5557.09万吨/年、4196.34万吨/年、2575.81万吨/年、2564.25万吨/年和2323.88万吨/年，占全省固土总量的88.16%；最低的3种优势树种（组）为其他杉类、泡桐和铁杉，年固土量均在11万吨以下，分别为10.05万吨/年、4.83万吨/年和3.24万吨/年，仅占全省固土总量的0.07%（图3-19）。杉木、灌木林、针阔混、阔叶混、马尾松和栎类这6个优势树种（组）大部分集中在湖南省的南部和西部山区。土壤侵蚀与水土流失现已成为人们共同关注的生态环境问题，其不仅导致表层土壤随地表径流流失，切割蚕食地表，而且径流携带的泥沙又会淤积阻塞江河湖泊，抬高河床，增加了洪涝的隐患。上述优势树种的固土功能的作用体现在防治水土流失方面，对于维护湖南西部和南部饮用水的生态安全意义重大，为该区域社会经济发展提供了重要保障，为生态效益科学化补偿提供了技术支撑。另外，这些优势树种的固土功能还极大限度地提高湖南省相关水库的使用寿命，保障了湖南乃至中南地区的用水安全。

表 3-3　湖南省不同优势树种（组）生态系统服务物质量评估

服务类别	支持服务								调节服务									
	保育土壤（万吨/年）								涵养水源（亿立方米/年）	固碳释氧（万吨/年）		提供负离子（×10²⁴个/年）	净化大气环境					
	保肥					林木养分固持（万吨/年）				固碳释氧			吸收气体污染物			滞尘		
优势树种	固土	减少氮流失	减少磷流失	减少钾流失	减少有机质流失	氮固持	磷固持	钾固持		固碳	释氧		吸收二氧化硫（万千克/年）	吸收氟化物（万千克/年）	吸收氮氧化物（万千克/年）	滞纳TSP（亿千克/年）	滞纳PM₁₀（万千克/年）	滞纳PM₂.₅（万千克/年）
铁杉	3.24	0.02	<0.01	0.04	0.08	0.01	<0.01	0.01	0.03	0.99	3.43	0.01	29.43	0.07	0.84	0.45	2.25	0.90
落叶松	30.76	0.14	<0.01	0.05	0.02	0.10	0.02	0.01	0.17	1.27	4.03	0.14	152.40	0.69	7.94	4.69	23.45	7.03
马尾松	2564.25	3.80	1.38	44.09	75.72	0.12	0.02	0.01	20.08	266.14	913.71	11.02	23288.96	57.50	661.84	390.90	1954.48	781.79
其他松类	716.28	1.06	0.38	12.32	21.15	0.01	<0.01	<0.01	5.61	134.60	319.74	2.00	4237.19	10.46	120.42	71.12	355.60	142.24
杉木	5869.23	8.29	1.78	78.65	136.13	0.24	0.02	0.13	40.28	519.33	1918.58	13.90	46723.74	115.36	1327.82	689.44	3447.21	1378.88
柳杉	52.94	0.27	0.02	0.71	1.23	0.01	<0.01	<0.01	0.36	4.06	7.27	0.19	421.41	1.04	11.98	6.22	31.09	12.44
水杉	11.28	0.02	0.01	0.15	0.34	<0.01	<0.01	<0.01	0.08	0.92	2.19	0.03	94.74	0.23	2.69	1.40	6.99	2.80
柏木	91.34	0.12	0.05	1.53	2.75	0.01	<0.01	0.01	1.13	9.53	30.83	0.22	829.54	2.05	23.57	12.70	63.50	25.40
其他杉类	10.05	0.01	0.01	0.14	0.31	<0.01	<0.01	<0.01	0.07	0.83	1.95	0.02	84.40	0.21	2.40	1.25	6.23	2.49
栎类	364.62	0.44	0.12	5.19	7.40	0.03	<0.01	0.03	4.68	29.67	78.79	1.27	1131.58	63.19	78.21	12.83	64.15	25.66
樟木	187.01	0.20	0.01	3.77	3.96	0.05	<0.01	0.04	2.89	16.39	9.81	0.61	698.35	39.00	48.27	7.92	39.59	15.84
榆树	23.77	0.05	0.02	0.38	0.92	<0.01	<0.01	<0.01	0.24	1.76	4.39	0.05	73.77	4.12	5.10	0.84	4.18	1.67
木荷	64.97	0.08	0.02	0.93	1.32	0.01	<0.01	0.01	0.83	5.16	14.85	0.23	201.64	11.26	13.94	2.29	11.43	4.57
枫香	40.78	0.05	0.01	0.58	0.83	0.01	<0.01	0.01	0.52	3.60	7.07	0.14	126.54	7.07	8.75	1.43	7.17	2.87
其他硬阔类	129.28	0.13	0.01	3.35	2.57	0.02	<0.01	0.02	1.45	8.46	9.34	0.32	351.26	19.62	24.28	3.98	19.91	7.97

（续）

服务类别		支持服务								调节服务										
		保育土壤（万吨/年）					林木养分固持（万吨/年）			涵养水源（亿立方米/年）	固碳释氧（万吨/年）		提供负离子（×10²⁴个/年）	净化大气环境					滞尘	
		固土	保肥				氮固持	磷固持	钾固持		固碳	释氧		吸收气体污染物			滞纳TSP（亿千克/年）	滞纳PM₁₀（万千克/年）	滞纳PM₂.₅（万千克/年）
优势树种			减少氮流失	减少磷流失	减少钾流失	减少有机质流失								吸收二氧化硫（万千克/年）	吸收氟化物（万千克/年）	吸收氮氧化物（万千克/年）			
檫木		77.68	0.09	0.02	1.11	1.58	0.02	<0.01	0.02	1.00	0.68	1.75	0.15	241.08	13.46	16.66	2.73	13.67	5.47
杨树		491.01	0.97	0.32	7.78	18.98	0.10	<0.01	0.10	5.04	34.16	62.26	1.13	1523.80	85.09	105.32	17.28	86.38	34.55
泡桐		4.83	0.10	0.03	0.10	0.14	0.01	<0.01	0.01	0.09	1.21	3.81	0.04	75.95	4.24	5.25	0.86	4.31	1.72
桉树		42.08	0.06	0.04	0.57	0.61	0.01	<0.01	0.01	0.54	3.60	10.34	0.12	130.60	7.29	9.03	1.48	7.40	2.96
楝树		13.12	0.02	0.01	0.18	0.19	<0.01	<0.01	<0.01	0.17	1.12	2.96	0.04	40.72	2.27	2.81	0.46	2.31	0.92
其他软阔类		152.62	0.22	0.14	2.07	2.20	0.03	0.00	0.03	1.96	13.27	34.44	0.44	473.64	26.45	32.74	5.37	26.85	10.74
针叶混		593.28	0.85	0.24	8.02	15.95	0.24	0.04	0.08	29.53	103.69	519.23	7.98	17364.67	42.87	493.48	265.84	1329.18	531.67
阔叶混		2575.81	4.13	1.17	32.45	44.23	2.33	0.07	1.42	94.14	826.56	1665.70	24.19	22762.18	1271.11	1573.21	258.07	1290.37	516.15
针阔混		4196.34	3.82	3.16	41.74	82.50	0.64	0.08	0.50	53.86	234.65	976.60	13.42	22347.65	402.72	900.08	316.26	1581.31	632.53
竹林		2323.88	3.22	0.76	26.94	82.13	6.80	10.40	5.87	34.69	225.35	703.37	17.26	7197.12	129.95	289.88	101.86	509.28	203.71
灌木林		5557.09	7.99	5.16	75.47	80.23	7.53	0.32	6.96	71.33	190.76	531.88	3.45	17245.96	963.06	1191.96	195.53	977.66	391.06
合计		26187.53	36.15	14.87	348.27	583.46	18.34	10.99	15.28	370.78	2637.78	7838.34	98.37	167848.33	3280.39	6958.45	2373.19	11865.96	4744.04

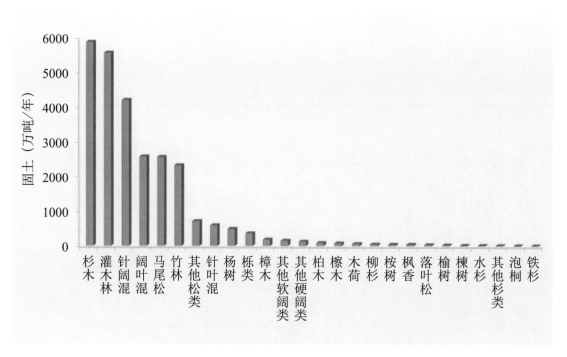

图 3-19　湖南省不同优势树种（组）固土量分配格局

　　保肥物质量最高的 5 种优势树种（组）为杉木、灌木林、针阔混、马尾松和竹林，保肥量分别为 224.84 万吨 / 年、168.85 万吨 / 年、131.22 万吨 / 年、124.99 万吨 / 年和 113.04 万吨 / 年，这 5 种优势树种（组）占全省保肥总量的 77.63%，其他树种年保肥量均低于 100 万吨；最低的 3 种优势树种（组）为泡桐、落叶松和和铁杉，保肥量分别为 0.36 万吨 / 年、0.22 万吨 / 年和 0.14 万吨 / 年，仅占全省保肥总量的 0.07%（图 3-20 至图 3-23）。不同优势树种（组）保肥量以固定土壤有机质和固钾量为主。伴随着土壤的侵蚀，大量的土壤养分也随之流失，一旦进入水库或者湿地，极有可能引发水体的富营养化，导致更为严重的生态灾难。同时，由于土壤侵蚀所带来的土壤贫瘠化，会使得人们加大肥料使用量，继而带来严重的面源污染，使其进入一种恶性循环。所以，森林生态系统的保育土壤功能对于保障生态环境安全具有非常重要的作用。综合来看，在湖南的所有优势树种（组）中，杉木、灌木林和针阔混的保育土壤功能最大，为湖南省社会经济的发展提供重要保障。

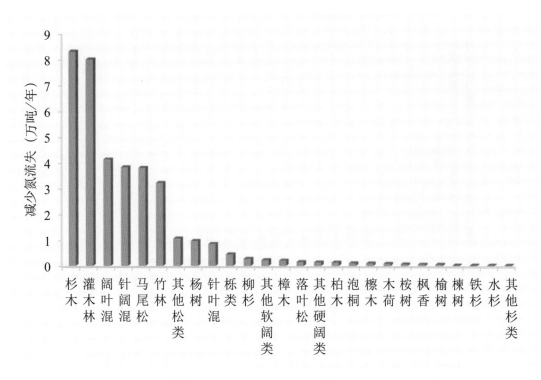

图 3-20　湖南省不同优势树种（组）减少氮流失量分配格局

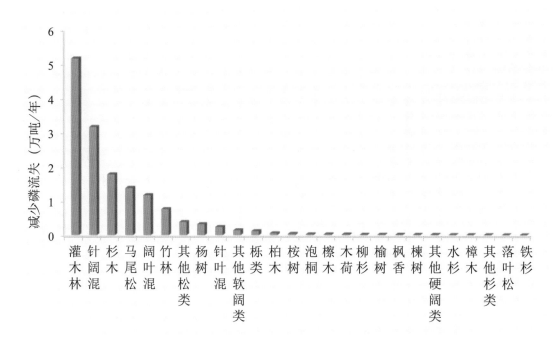

图 3-21　湖南省不同优势树种（组）减少磷流失量分配格局

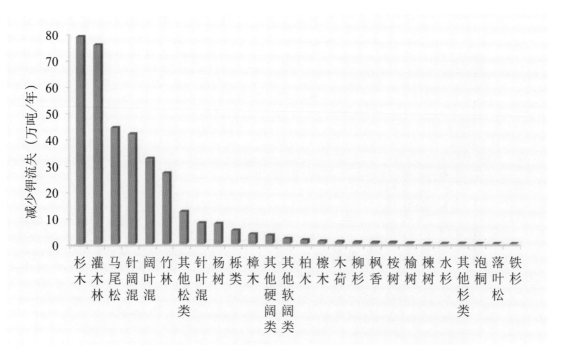

图 3-22　湖南省不同优势树种（组）减少钾流失量分配格局

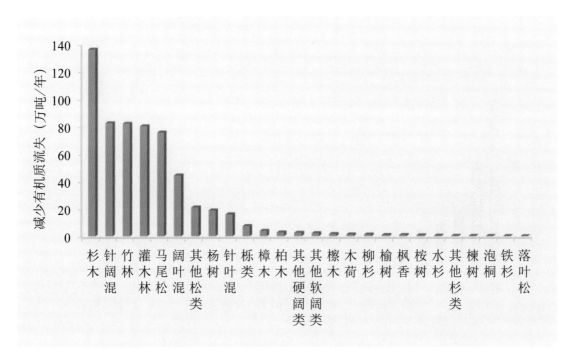

图 3-23　湖南省不同优势树种（组）减少有机质流失分配格局

二、林木养分固持

图 3-24 至图 3-26 为湖南省不同优势树种（组）林木固持氮、磷、钾物质量，以灌木林、竹林和阔叶混氮固持量最大，这 3 种优势树种（组）年氮固持量分别为 7.53 万吨、6.80 万吨和 2.33 万吨，占湖南省不同优势树种（组）林木氮固持总量的 90.86%；竹林、灌木林和

针阔混的年磷固持量最大，分别为 10.40 万吨、0.32 万吨和 0.08 万吨，占湖南省不同优势树种（组）林木磷固持总量的 98.36%；年钾固持量前 4 位的优势树种（组）分别为灌木林、竹林、阔叶混和针阔混，年钾固持量均大于 0.5 万吨，分别为 6.96 万吨、5.87 万吨、1.42 万吨和 0.50 万吨，占湖南省不同优势树种（组）林木钾固持总量的 96.55%。楝树、水杉和其他杉类 3 种优势树种（组）年氮固持和磷固持量最小，年氮固持量分别为 27.57 吨、13.11 吨和 11.68 吨，占湖南省不同优势树种（组）林木氮固持总量的 0.03%；楝树、水杉和其他杉类年磷固持量分别为 1.18 吨、1.11 吨和 0.99 吨，占湖南省不同优势树种（组）林木磷固持总量的 0.003%；其他松类、水杉和其他杉类年钾固持量最小，分别为 7.17 吨、6.96 吨和 6.20 吨，占湖南省不同优势树种（组）林木钾固持总量的 0.01%。从林木养分固持的过程可以看出，灌木林、竹林和阔叶混主要分布于南部和西部地区，而南部和西部地区也是湖南省水土流失和水库集中的地区，森林可以一定程度上减少因为水土流失而带来的养分损失，在其生命周期内，使得固定在体内的养分元素再次进入生物地球化学循环，极大地降低水库和湿地水体富营养化的可能性。

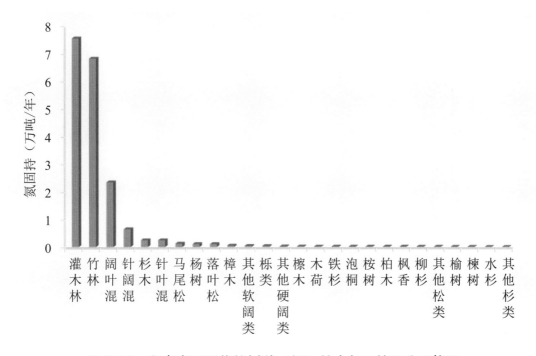

图 3-24　湖南省不同优势树种（组）林木氮固持量分配格局

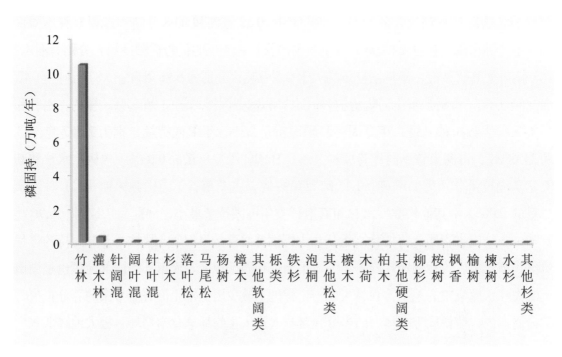

图 3-25　湖南省不同优势树种（组）林木磷固持量分配格局

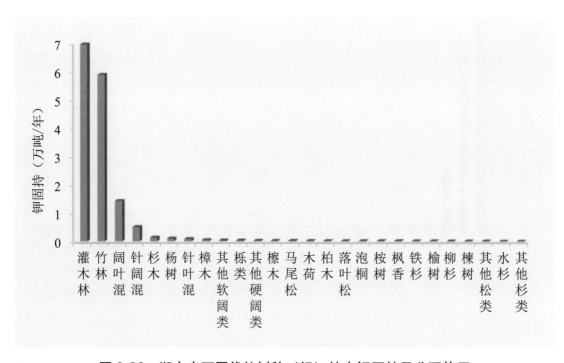

图 3-26　湖南省不同优势树种（组）林木钾固持量分配格局

三、涵养水源

森林发挥着强大的蓄水作用。湖南省森林调节水量最高的 3 种优势树种（组）分别为阔叶混、灌木林和针阔混，调节水量分别为 94.14 亿立方米 / 年、71.33 亿立方米 / 年和 53.86 亿立方米 / 年，这 3 个树种占全省涵养水源总量的 59.15%；最低的 3 种优势树种(组)为水杉、铁杉和其他杉类，这 3 种树种年调节水量均在 0.09 亿立方米以下，涵养水源量分别为 0.08 亿立方米 / 年、0.07 亿立方米 / 年和 0.03 亿立方米 / 年，仅占全省涵养水源总量的 0.05%(图 3-27)。涵养水源量最高的 3 种优势树种（组）调节水量相当于全省水资源总量的 16.33%，这表明阔叶混、灌木林和针阔混的涵养水源功能对于湖南省的水资源安全起着非常重要的作用，可以为人们的生产生活提供安全健康的水源地。另外，湖南省许多重要的水库和湿地也位于上述优势树种（组）分布密集的区域，森林生态系统的调节水量功能可以保障水库和湿地的水资源供给，为人们的生产生活安全提供了一道绿色屏障。

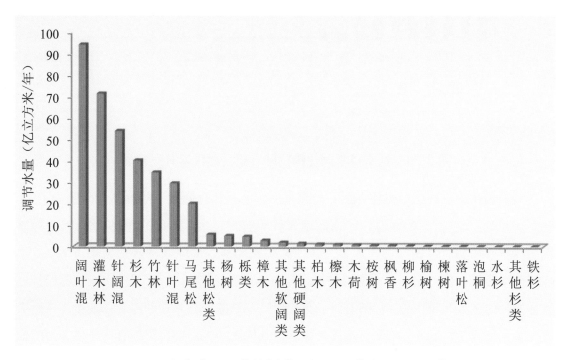

图 3-27　湖南省不同优势树种（组）涵养水源量分配格局

四、固碳释氧

由图 3-28 可知，阔叶混、杉木和马尾松这 3 种优势树种（组）的固碳量最大，年固碳量分别为 826.56 万吨、519.33 万吨和 266.14 万吨，占全省优势树种（组）固碳总量的 61.11%；固碳量最低的 3 种优势树种（组）为水杉、其他杉类和檫木，年固碳量分别为 0.92 万吨、0.83 万吨和 0.68 万吨，仅占全省优势树种（组）固碳总量的 0.09%。不同优势树种（组）固碳量大小为阔叶混＞杉木＞马尾松＞针阔混＞竹林＞灌木林＞其他松类＞针叶混＞杨树＞栎类＞樟木＞其他软阔类＞柏木＞其他硬阔类＞木荷＞柳杉＞桉树＞枫香＞榆树＞落叶松＞泡桐＞楝树＞铁杉＞水杉＞其他杉类＞檫木。排在前四位的优势树种（组）年固碳总量之和为 1612.04 万吨，相当于 2017 年湖南省煤炭消费量的 13.01%。可见，阔叶混、杉木和马尾松可以有力地调节空气中二氧化碳浓度，在固碳方面的作用尤为突出。

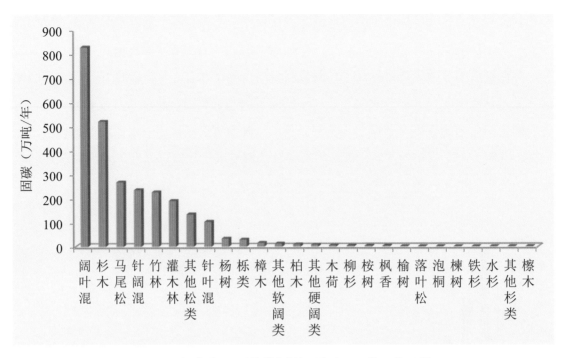

图 3-28   湖南省不同优势树种（组）固碳量分配格局

释氧量最高的 3 种优势树种（组）为杉木、阔叶混和针阔混，年释氧量分别为 1918.58 万吨、1665.70 万吨和 976.60 万吨，占湖南省优势树种（组）释氧总量的 58.19%；释氧量最低的 3 种优势树种（组）也为水杉、其他杉类和檫木，年释氧量分别为 2.19 万吨、1.95 万吨和 1.75 万吨，仅占湖南省优势树种(组)释氧总量的 0.08%(图 3-29)。不同优势树种(组)释氧量大小为杉木＞阔叶混＞针阔混＞马尾松＞竹林＞灌木林＞针叶混＞其他松类＞栎类＞杨树＞其他软阔类＞柏木＞木荷＞桉树＞樟木＞其他硬阔类＞柳杉＞枫香＞榆树＞落叶松＞泡桐＞铁杉＞楝树＞水杉＞其他杉类＞檫木。从以上评估结果可知，杉木、阔叶混、针阔混和马尾松大部分分布在湖南南部和西部地区。由于其分布区域的特殊性，使得以上树种在释氧方面的作用显得尤为突出。湖南南部和西部位于湖南省中东部和北部经济最为活跃区域西面和南面，空气属于一种连续流通体，由于地形的因素，空气污染物（包括二氧化碳）容易在南部和西部山区边缘汇集，造成湖南省南部和西部山区的二氧化碳污染较为严重。上述优势树种（组）可以最大限度地发挥其固碳功能，有力地调节空气中的二氧化碳浓度。

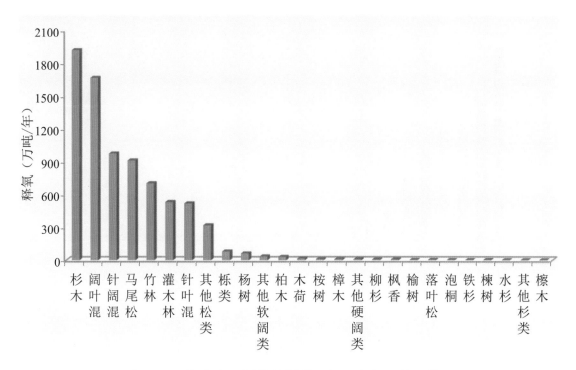

图 3-29　湖南省不同优势树种（组）释氧量分配格局

五、净化大气环境

由图 3-30 可知，湖南省不同优势树种（组）以阔叶混、竹林、杉木、针阔混和马尾松提供负离子量最多，年提供负离子量均在 10.0×10^{24} 个以上，分别为 24.19×10^{24} 个 / 年、17.26×10^{24} 个 / 年、13.90×10^{24} 个 / 年、13.42×10^{24} 个 / 年和 11.02×10^{24} 个 / 年，占湖南省不同优势树种（组）提供负离子总量的 81.10%；针叶混、灌木林、其他松类、栎类和杨树提供负离子量居中，提供负离子量在 $1.13 \times 10^{24} \sim 7.98 \times 10^{24}$ 个 / 年之间；榆树、泡桐、楝树、水杉、其他杉类和铁杉年提供负离子量最少，年提供负离子量均在 0.1×10^{24} 个 / 年以下，分别为 0.05×10^{24} 个 / 年、0.04×10^{24} 个 / 年、0.04×10^{24} 个 / 年、0.03×10^{24} 个 / 年、0.02×10^{24} 个 / 年和 0.01×10^{24} 个 / 年，仅占湖南省不同优势树种（组）提供负离子总量的 0.20%。空气负离子具有杀菌、降尘、清洁空气的功效，被誉为"空气维生素与生长素"，对人体健康十分有益。随着生态旅游的兴起及人们保健意识的增强，空气负离子作为一种重要的无形旅游资源已越来越受到人们的重视。因此，阔叶混、竹林、杉木、针阔混和马尾松生态系统所产生的空气负离子，对于提升湖南省旅游资源质量具有十分重要的作用。

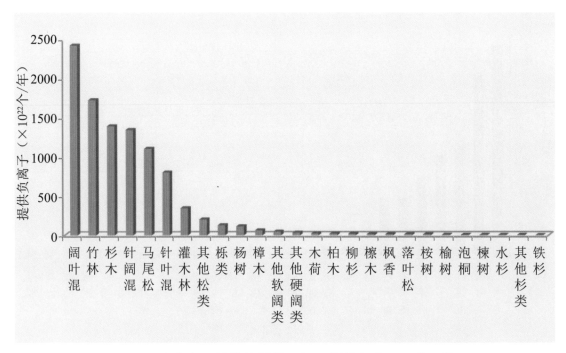

图 3-30　湖南省不同优势树种（组）提供负离子量分配格局

图 3-31 至图 3-33 为不同优势树种（组）吸收大气污染物物质量，湖南省不同优势树种（组）以杉木、马尾松、阔叶混和针阔混吸收二氧化硫量最多，吸收量分别为 46723.74 万千克/年、23288.96 万千克/年、22762.18 万千克/年和 22347.65 万千克/年，占湖南省优势树种（组）吸收二氧化硫总量的 68.59%；泡桐、榆树、楝树和铁杉吸收二氧化硫量最少，分别为 75.95 万千克/年、73.77 万千克/年、40.72 万千克/年和 29.43 万千克/年，仅占湖南省不同优势树种（组）吸收二氧化硫总量的 0.13%；湖南省不同优势树种（组）以阔叶混、灌木林、针阔混、竹林和杉木吸收氟化物的量最多，分别为 1271.11 万千克/年、963.06 万千克/年、402.72 万千克/年、129.95 万千克/年和 115.36 万千克/年，占全省不同优势树种（组）吸收氟化物总量的 87.86%；落叶松、水杉、其他杉类和铁杉吸收氟化物量最少，分别为 0.69 万千克/年、0.23 万千克/年、0.21 万千克/年、0.07 万千克/年，仅占湖南省不同优势树种（组）吸收氟化物总量的 0.04%；湖南省不同优势树种（组）以阔叶混、杉木和灌木林吸收氮氧化物的量最多，均在 1000 万千克/年以上，分别为 1573.21 万千克/年、1327.82 万千克/年和 1191.96 万千克/年，占湖南省不同优势树种（组）吸收氮氧化物总量的 58.82%；水杉、其他杉类和铁杉吸收氮氧化物量最少，分别为 2.69 万、2.40 万和 0.84 万千克/年，仅占湖南省不同优势树种（组）吸收氮氧化物总量的 0.09%。根据《中国生物多样性国情研究报告》（丁杨，2015），阔叶树对二氧化硫的年吸收量为 88.65 千克/公顷，氟化物年吸收能力为 4.65 千克/公顷，氮氧化物年吸收能力为 6.00 千克/公顷，年滞尘 10.11 千克/公顷；针叶林、杉类、松林对二氧化硫的年吸收能力为 215.60 千克/公顷，对氟化物年吸收能力为 0.50 千克/公顷，对氮氧化物年吸收能力为 6.00 千克/公顷，年滞

尘33.20千克/公顷。由此可见，森林生态系统净化大气环境效益与营造树种类型密切相关。

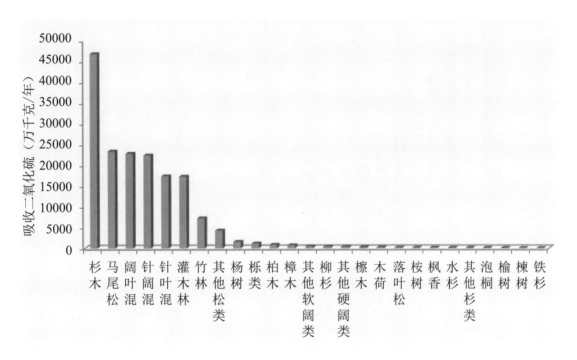

图 3-31　湖南省不同优势树种（组）吸收二氧化硫量分配格局

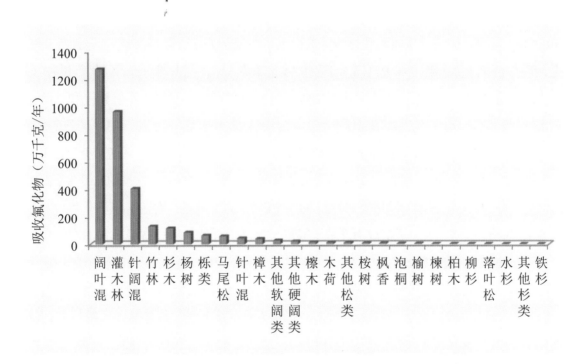

图 3-32　湖南省不同优势树种（组）吸收氟化物量分配格局

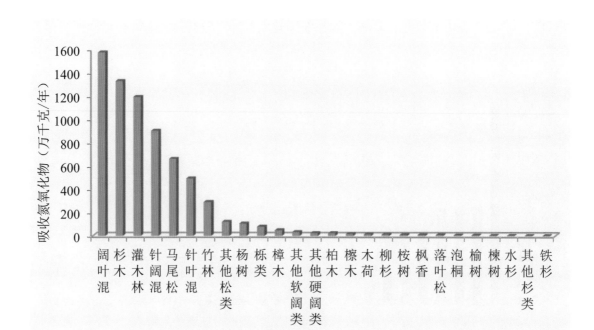

图 3-33　湖南省不同优势树种（组）吸收氮氧化物量分配格局

由图 3-34 至图 3-36 可知，湖南省不同优势树种（组）以杉木、马尾松、针阔混和针叶混滞纳 TSP 量最多，分别为 689.44 亿千克 / 年、390.90 亿千克 / 年、316.26 亿千克 / 年和 265.84 亿千克 / 年，均在 260 亿千克 / 年以上，占湖南省不同优势树种（组）滞纳 TSP 总量的 70.05%；泡桐、榆树、楝树和铁杉滞尘量最少，均低于 1 亿千克 / 年以下，分别为 0.86 亿千克 / 年、0.84 亿千克 / 年、0.46 亿千克 / 年和 0.45 亿千克 / 年，仅占湖南省不同优势树种（组）滞纳 TSP 总量的 0.11%；湖南省不同优势树种（组）也以杉木、马尾松、针阔混和针叶混滞纳 PM_{10} 的量最多，分别为 3447.21 万千克 / 年、1954.48 万千克 / 年、1581.31 万千克 / 年和 1329.18 万千克 / 年；榆树、楝树和铁杉滞纳 PM_{10} 量最少，分别为 4.18 万千克 / 年、2.31 万千克 / 年和 2.25 万千克 / 年，仅占湖南省不同优势树种（组）滞纳 PM_{10} 总量的 0.07%；湖南省不同优势树种（组）以杉木、马尾松和针阔混滞纳 $PM_{2.5}$ 的量最多，均在 600 万千克 / 年以上，分别为 1378.88 万千克 / 年、781.79 万千克 / 年和 632.53 万千克 / 年，占湖南省不同优势树种（组）滞纳 $PM_{2.5}$ 总量的 58.88%；榆树、楝树和铁杉滞纳 $PM_{2.5}$ 量也最少，分别为 1.67 万千克 / 年、0.92 万千克 / 年和 0.90 万千克 / 年。《湖南省 2018 年国民经济和社会发展统计公报》（湖南省统计局，2019）显示，2018 年全省 5 个市（州）城市空气质量达到二级标准；《2018 年湖南省环境质量状况》（湖南省生态环境厅，2019）显示，2018 年 $PM_{2.5}$ 年均浓度为 41 微克 / 立方米，超过国家二级标准，但比上年下降 10.9%。空气质量呈现整体持续改善趋势，取得这样的结果离不开湖南不断深化区域大气污染防治协作机制，与中南地区和长株潭区域合力推进淘汰落后产能、大力压减燃煤、发展清洁能源、控制工业和扬尘污染等重点减排措施有关，调控区域内空气中颗粒物含量（尤其是 $PM_{2.5}$），有效地遏制雾霾天气的发生。湖南省 14 个市（州）所在城市的空气质量排名从好到差依次为湘西土家族苗族自治州、张家界市、怀化市、郴州市、益阳市、娄底市、常德市、永州市、邵阳市、岳阳市、衡阳市、长沙市、株洲市、湘潭市（湖南省生态环境厅，2019），可见湖南省空气质量空间差异呈现出西北部、南部地区优于其他区域的态势，这也与湖南省西部和南部山区的森林生态系统吸附滞纳颗粒物功能较强有关。森林在治污减霾中发挥着极其重要作用，有效地消减了空气中颗粒物含量，维护了良好的空气环境，提高了区域内森林旅游资源的质量。

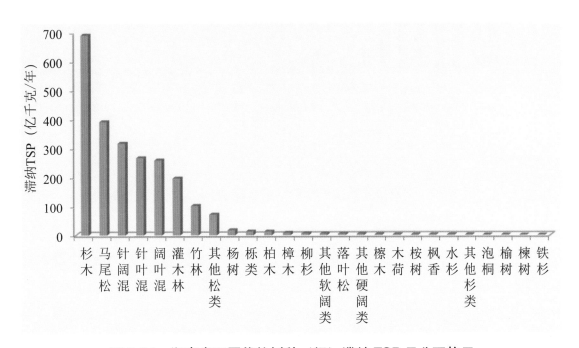

图 3-34　湖南省不同优势树种（组）滞纳 TSP 量分配格局

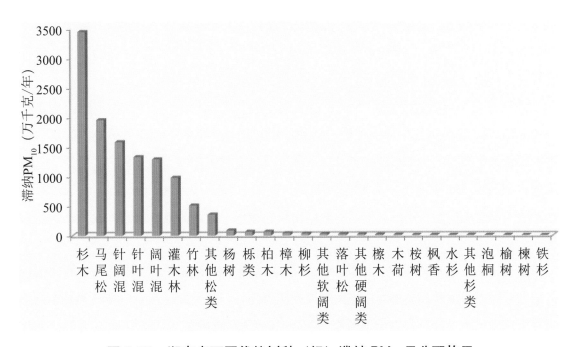

图 3-35　湖南省不同优势树种（组）滞纳 PM$_{10}$ 量分配格局

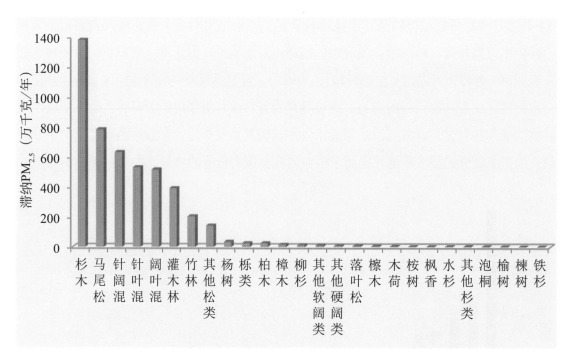

图 3-36　湖南省不同优势树种（组）滞纳 PM$_{2.5}$ 量分配格局

通过以上分析可知，湖南省不同优势树种（组）生态服务功能物质量排序靠前的树种组为杉木、阔叶混、针阔混、马尾松和灌木林，排名靠后的树种组树种均为泡桐、楝树和铁杉。由各优势树种（组）面积排序前五的树种组为阔叶混、杉木、针阔混、马尾松和针叶混，而楝树、泡桐和水杉面积排序靠后（图 2-10）。由此可知，各优势树种（组）生态系统服务功能物质量的大小与其分布面积呈正相关性。湖南省各优势树种（组）中，杉木、马尾松阔叶混、针阔混和灌木林的各项生态系统服务功能强于其他优势树种（组），这 5 种优势树种（组）均为该区域的地带性植被且生态系统服务功能的大小与其分布面积有直接关系。以上 5 种优势树种（组）55% 以上的资源面积分布在湖南西部和南部山区，该区域的自然特征和经济林资源状况，保证了其森林生态系统服务的正常发挥。

从湖南省森林资源数据中可以得出，杉木、阔叶混、针阔混、马尾松占湖南省森林总面积的 82.37%，这足以说明此 4 种优势树种（组）正处于林木生长速度最快的阶段，林木的高生长带来了较强的生态系统服务。杉木林、马尾松林主要以人工林为主，由于人工林在人工培育和栽培下，在适宜生长环境下的林分净生产力高于天然林（董秀凯等，2014）。加上合理的经营管理措施，使得其生态系统结构较为合理，可以高效、稳定地发挥其生态系统服务。

本研究中，将森林滞纳 PM$_{10}$ 和 PM$_{2.5}$ 从滞尘功能中分离出来，进行了独立的评估。由评估结果可知，杉木和马尾松的净化大气环境能力较强。研究发现针叶树滞纳颗粒物能力强于阔叶树，湖南省针叶林占森林总面积的 40.75%，阔叶林占森林总面积的 24.17%，针叶林面积是阔叶林面积的 1.69 倍，由于针叶树单位面积对 PM$_{2.5}$ 和 PM$_{10}$ 的滞纳量高于其他树种，较大的针叶林面积也使全省的滞尘量增加；杉木、马尾松和柏木的滞尘能力较强的另一种原因是其大部分分布在湖南省的西部和南部地区，这些区域年降水量较高且次数较多，在降水的冲洗作用下，不同树种叶片表面滞纳的颗粒物能够再次悬浮回到空气中，或洗脱至地面，使叶片具有反复滞纳颗粒物的能力。

综上所述，森林具有较强的生态系统服务功能。森林具有庞大的地下根系系统及其根系周转，大大增加了土壤中有机质的含量。湖南省各优势树种（组）的生态系统服务功能比较中，以杉木、阔叶混、针阔混、马尾松和灌木林 5 个优势树种（组）生态服务功能最强，主要受优势树种（组）资源数量（面积）的影响。另外，上述 5 种优势树种（组）所处的地理位置也是影响森林生态系统服务的主要因素之一；此外，杉木、阔叶混、针阔混、马尾松和灌木林的各项生态系统服务均高于其他优势树种（组），这主要与其各自的生境以及生物学特性有关。

第四章
湖南省森林生态系统服务功能价值量评估

第一节　森林生态系统服务功能价值量评估

　　本章主要从保育土壤、林木养分固持、涵养水源、固碳释氧、净化大气环境、森林防护、生物多样性保护、林木产品供给和森林康养9大功能对湖南省的森林生态系统服务功能价值量进行评估，得出湖南省森林生态系统服务功能总价值量为9815.64亿元/年（相当于2018年湖南省GDP 36425.8亿元的26.95%），每公顷森林提供的价值量为9.33万元/年。所评估的9项功能价值量见表4-1。

表4-1　湖南省森林生态系统服务价值量评估结果

服务类别	支持服务		调节服务				供给服务		文化服务	合计
功能类别	保育土壤	林木养分固持	涵养水源	固碳释氧	净化大气环境	森林防护	生物多样性保护	林木产品供给	森林康养	
价值量（亿元/年）	403.69	55.73	2570.29	790.58	772.29	0.84	3298.92	826.30	1097.00	9815.64
占比（%）	4.11	0.57	26.19	8.05	7.87	0.01	33.61	8.42	11.17	100.00

　　在湖南省9项森林生态系统服务价值的贡献之中（图4-1），其从大到小的顺序为生物多样性、涵养水源、森林康养、林木产品供给、固碳释氧、净化大气环境、保育土壤、林木养分固持和森林防护。9项森林生态功能的价值量和所占比例分别为生物多样性（3298.92亿元/年、33.61%）、涵养水源（2570.29亿元/年、26.19%）、森林康养（1097.00亿元/年、11.17%）、林木产品供给（826.30亿元/年、8.42%）、固碳释氧（790.58亿元/年、8.05%）、净化大气环境（772.29亿元/年、7.87%）、保育土壤（403.69亿元/年、4.11%）、林木养分固持（55.73亿元/年、0.57%），以及森林防护（0.84亿元/年、0.01%）。湖南省各项森林

生态系统服务价值量所占总价值量的比例，能够充分体现出湖南省所处区域森林生态系统以及森林资源结构的特点。

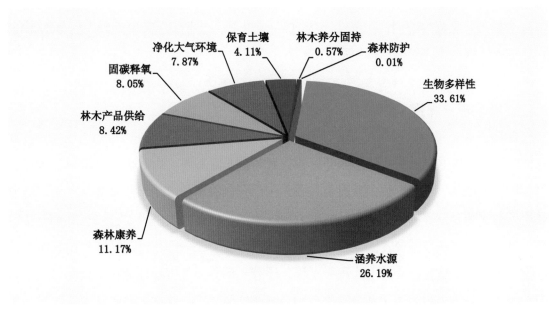

图 4-1　湖南省森林生态系统服务各功能项价值量比例

一、保育土壤

湖南省森林生态系统的保育土壤功能价值量占全省森林生态系统服务总价值量的 4.11%，森林生态系统对保育土壤作用明显。森林通过对降水的再分配，林冠层改变了林内的降水量、降水强度及过程，加之覆盖在土表的灌木层、草本层和枯枝落叶层，降低水滴对表土的冲击和地表径流的侵蚀作用。此外，微生物分解物增加了土壤中有机质的含量，改善了土壤的理化性质，增加了土壤孔隙度，增强了土壤的渗透性，也在一定程度上减少了地表径流，减缓了对土壤结构的破坏。林木根系在土壤中纵横交错、固持土壤，土壤的抗冲性得以强化，土壤的渗透能力与吸附能力得以提高。即使是微小的细根，也有很强的固持土壤能力。同有林地对照，无林地每年随土壤侵蚀不仅会带走大量表土以及表土中的大量营养物质，如土壤有机质、氮、磷、钾等，还会带走下层土壤中的部分可溶解物质，从而引起土壤肥力下降。土壤侵蚀造成的养分流失一般多为地表土层，湖南省各林分地表土层平均养分含量：有机质（3.027% ~ 4.859%）、氮（0.136% ~ 0.203%）、磷（0.048% ~ 0.065%）、钾（1.365% ~ 2.127%）。由此可见，因森林的存在，每年湖南省少流失土壤氮、磷、钾和有机质总量分别为 36.15 万吨 / 年、14.87 万吨 / 年、348.27 万吨 / 年和 583.46 万吨 / 年。

随着经济快速发展，水土流失日趋严重，湖南省已成为长江流域中上游水土流失比较严重的省份之一。水土流失造成了大量表土流失，破坏了土地资源，降低了土壤肥力，加剧了面源污染。随着径流迁移的侵蚀，泥沙淤塞在河道和湖泊水库，进一步加剧了旱洪灾害的发生，对生态环境和生产生活带来了不利的影响。近年来，湖南省积极争取国家水土保持重点工程项目，结合生态清洁小流域建设、产业扶贫开展水土流失综合治理；同时，积极与发展改革委、国家林业和草原局、国家农业农村部、自然资源部等部门联动，积极吸纳民间资本，多头投入水土流失治理。据统计，从 2013 年以来，全省 5 年来累计投入资金 137.42 亿元，完成水土保持生态综合治理面积 7258 平方千米。

二、林木养分固持

在湖南省森林生态系统所提供的诸项服务中，林木养分固持功能价值量所占比例较低，为 0.57%，但森林生态系统的林分养分固持作用同样非常重要。森林生态系统中林木在其生长过程中，不断从大气和土壤中获取氮、磷、钾等营养物质。植物根系直接从土壤溶液中获取其所需的大部分营养物质，还可从与根紧密接触的土壤矿物中获取养分，也有部分植物是依靠土壤微生物来获取养分。固定在植物体中的营养物质，一部分通过新陈代谢在体内进行再分配，一部分以枯枝落叶的形式还于土壤，还有一部分通过生物地球化学循环进入不同的生态系统中，森林植被是生态系统物质循环中重要的循环库。森林植被的林木养分固持功能对降低下游面源污染及水体富营养化同样有重要作用。从计算结果可知，湖南省森林生态系统每年林木养分固持氮 18.34 万吨、磷 10.99 万吨、钾 15.28 万吨，在一定程度上减少因为水土流失带来的养分损失，同时极大降低了带给水库和湿地水体富营养化的可能性。

三、涵养水源

湖南省森林生态系统的水源涵养功能的价值量所占比例较高，达到了 26.19%，其对于湖南省的用水安全起到了非常重要的作用。湖南省内河流众多，河网密布，水系发达，全省水系以洞庭湖为中心，湘、资、沅、澧四水为骨架，主要属长江流域洞庭湖水系，约占全省总面积 96.7%，其余属珠江流域和长江流域的赣江水系及直入长江的小水系。目前，湖南省共有大型水库 45 座，中型水库 362 座。为保障森林的水源涵养功能，全省加大了森林资源的保护力度。坚持造林绿化，提高水源涵养功能。强化江河两岸、湖库周围等水源涵养林区生态公益林保护、管护。以"裸露山地"造林绿化等为重点，大力推进植树造林，实施退耕还林工程。同时，加强河湖水生态保护，编制实施《生态红线湿地资源管理实施方案》，确保全省 1530 万亩湿地面积不减少。通过建设国家湿地公园、湿地类型自然保护区、湿地保护小区等形式，完善全省湿地保护体系，确保重点生态功能区得到有效保护；开展湿地保护与修复，逐步恢复湿地生态功能。

四、固碳释氧

湖南省森林生态系统的固碳释氧功能价值量占全省森林生态系统服务总价值量的

8.05%。湖南省整体降水量高、生长季长，有利于新造林木生长，且林分生产力高，因而固碳效益较高。湖南省自 2000 年启动退耕还林工程以来，在各级共同努力下，全力推动退耕还林工程取得了巨大成就，实现了生态美、百姓富、产业旺、乡村兴。20 年来，湖南省完成退耕还林 2159.67 万亩，森林覆盖率提高了 6.1 个百分点。而退耕还林是迄今为止湖南省最大的生态修复工程，被誉为"生态工程""富民工程""德政工程"。而营林树种类型同样对森林生态系统固碳释氧功能的影响较大，湖南省退耕还林营造树种主要类型以杉木、马尾松、国外松等针叶类植被营造的纯林及楹木、枫香及杨树等阔叶树营造的阔叶混交林为主，对提高森林生态系统的固碳释氧功能起着举足轻重的作用。

五、净化大气环境

净化大气环境功能价值量占湖南省森林生态系统服务总价值量的 7.87%。森林生态系统对大气污染物如二氧化硫、氟化物、氮氧化物、粉尘等的吸收、过滤、阻隔及分解，以及降低噪音、提供负离子和萜烯类如芬多精物质等功能。由湖南省森林生态系统的净化大气环境功能价值量可知，净化大气环境各项指标功能价值大小排序为滞尘 > 吸收大气污染物 > 提供负离子 > 滞纳 PM_{10} > 滞纳 $PM_{2.5}$，各项所占比例分别为 92.12%、5.84%、1.17%、0.62% 和 0.25%。所以，滞尘功能是湖南省森林净化大气环境中的主要功能。根据《中国生物多样性国情研究报告》，针叶林、杉类、松林 SO_2 年吸收能力为 215.60 千克 / 公顷、氟化物年吸收能力为 0.50 千克 / 公顷、氮氧化物年吸收能力为 6.00 千克 / 公顷、年滞尘量 33.20 千克 / 公顷；阔叶树 SO_2 年吸收能力为 88.65 千克 / 公顷，氟化物年吸收能力为 4.65 克 / 公顷，氮氧化物年吸收能力为 6.00 克 / 公顷，年滞尘 10.11 克 / 公顷。由此可见，森林生态系统净化大气环境效益与营造树种类型密切相关，湖南省的针叶林种植比例较高，因此，在滞尘和吸收大气污染物生态服务功能方面较强。林木提供负离子的价值量除与营造林种类型相关外，还与水热环境有关，湖南省的多年年均降水量达 1449.8 毫米。因而，森林生态系统提供空气负离子价值量的效益显著。

六、林木产品供给

林木产品供给功能价值量占全省森林生态系统服务总价值量的 8.42%，其中林下产品价值量占林木产品供给价值量比值达 49.86%。2013 年，随着湖南省政府出台《关于加快林下经济发展的实施意见》，林下经济规模和产值快速增长，全省林下经济面积和年产值分别由 2012 年的 80 万公顷和 77 亿元已分别增长到 2017 年的 200 万公顷和 500 多亿元。目前，全省已有杜仲、厚朴、玉竹、黄栀子等独特品种种植规模超过 3.33 万公顷。桂东的罗汉果、新晃的龙脑樟、新化的黄精、慈利的杜仲、桑植的厚朴、永州的异蛇等，如今都已形成品牌，并在国内乃至国际市场都有较强的影响力和竞争力。在产业格局上，全省林下经济以林下种植、林下养殖、相关产品采集加工等为主要形式，已形成林药、林禽、林畜、林菌、资源昆虫、林下经济作物、林果、特色花卉、特用茶叶、林特产品等9种主导类型。截至2017年年底，湖南省共创建国家林下经济示范基地32家，为全国最多；创建省级林下经济示范基地230家、省级林下经济科研示范基地5家、省级木本药材和林下经济特色产业园21家，确定了首批省级林下经济发展重点县20个。2018年，湖南省林业局启动林下经济千亿产业培育行动，组织编制了《湖南省林下经济千亿产业发展规划（2018—2025年）》，明确了提供丰富多彩的林特产品、打造千亿产值的发展目标。

七、生物多样性保护

在湖南省森林生态系统所提供的诸项服务中，生物多样性保护功能价值量所占比例最高，为33.61%。湖南省生物物种极其丰富，由常绿阔叶林生态系统，常绿、落叶阔叶混交林生态系统，落叶阔叶林生态系统，中山矮树生态系统，针阔叶混交林生态系统，针叶林生态系统，竹林生态系统，灌（草）丛生态系统9大生态系统构成其独特的森林生态系统。湖南省动植物资源总量较为丰富，同时，古老孑遗生物物种丰富，具有极高的生物遗传多样性（张光训，2003）。截至2018年年底，湖南省现有陆生脊椎野生动物787种，约占全国种类数量的25%，包括云豹、林麝、麋鹿等17种国家一级保护野生动物，大鲵、白鹇等87种国家二级保护野生动物。湖南省现有维管束植物6137种，约占全国种类数量的20%，包括南方红豆杉、珙桐、绒毛皂荚等国家一级保护野生植物13种，红豆树、柔毛油杉等国家二级保护野生植物43种。共建有各级各类自然保护地584个（其中自然保护区181个），面积达245.84万公顷，占湖南省国土总面积的11.60%。这些自然保护地较好保存了湖南省主要的生态系统、野生动物栖息地和野生植物，就地保护了90%以上的珍稀濒危野生动物和植物物种。湖南是我国生物多样性不可替代的关键地带。在《中国生物多样性保护战略与行动计划（2011—2030年）》划定的全国35个生物多样性保护优先区域中，湖南武陵山脉、南岭、洞庭湖等3个区域位列其中。通过全省范围内实施生物多样性保护行动、珍稀濒危物种保护行动，划定并保护候鸟迁徙通道，建立黄腹角雉、大鲵等物种的人工种群繁育基地，开展野外放归自然活动，进行种群恢复监测与跟踪，促进物种多样性的保护。通过实施长（珠）江流域防护林、天然林资源保护、退耕还林、石漠化综合治理、裸露山地绿化等生态工程项目，促进了生态系统多样性的保护。湖南省划定生态公益林499.2万公顷，停伐天然林114.5万公顷。"十二五"期间生态保护修复工程累计投入达1020亿。通过实施世界银行、全球环境基金（GEF）的生物多样性保护与可持续发展合作项目，有力促进了武陵山区森林生态系统、洞庭湖湿地生态系统的保护。

八、森林康养

相比于其他省份，湖南省森林康养功能价值量所占比例相对较大，占比 11.17%，在 9 项森林生态系统服务功能价值量中占第三位。早在 2008 年，湖南省就在国有林场、自然保护区等地实施优材更替工程，认真筛选和种植优质树种，截至 2016 年，已营造对人体具有保健作用的森林康养林 33.3 万公顷。2012 年，湖南省林业系统投资 1 亿多元，率先在湖南省林业科学院试验林场建起了全国首个由政府、企业和医疗机构合作的森林康养基地——湖南林业森林康养中心，并在宁乡县青羊湖成立首个省属国有林场，以此为基地推进全省森林康养产业的发展。湖南省积极开发具有本地特色的森林浴、森林休闲、森林疗养、森林健身等特色森林康养产品。在"十三五"时期，湖南省森林旅游产业规模快速壮大，已成为湖南省重要支柱产业和极具增长潜力的绿色产业。湖南省拥有武陵源和崀山两个世界自然遗产地，同时还有众多国家级风景名胜区，如：长沙岳麓山、南岳衡山、怀化万佛山、永州九嶷山、邵阳白水洞、常德桃花源等。1982 年，湖南省张家界成为我国第一个国家森林公园。近年来，湖南省政府高度重视森林公园的建设，把其作为建设生态强省的重要举措。目前，建有省级以上森林公园 121 个，其中国家级森林公园 64 个，省级 57 个。湖南省风景名胜区和森林公园等的建设和发展，对维护生态平衡、保护生物物种多样性、减轻环境污染、保护生态环境、调节气候、美化环境、普及科学文化知识、促进经济发展、增加旅游收入等具有积极推动作用，促进了地区生态、社会和经济三大效益的协调发展。近年来，湖南省森林生态旅游业大力推进森林生态旅游品牌和精品线路、基础设施建设和生态文化引领等措施，实现了跨越式发展。在借鉴了国外步道规划建设基础上，湖南省在国家林业和草原局的大力推动下，2017 年以来，先后在湖南省罗霄山、南岭等建立了国家森林步道，这种长距离野外徒步成为居民热衷的户外活动，为公众深入大自然和体验大自然提供重要载体。同时，森林旅游等在助力扶贫攻坚中也取得了显著成效。

第二节 各地级市森林生态系统服务价值量评估

根据物质量评估结果，通过价格参数，估算得到湖南省各地级市森林生态系统服务价值量见表 4-2。湖南省各地森林生态系统服务功能价值量的空间分布格局如图 4-2 至图 4-9 所示，各地级市森林生态系统服务功能价值量的分布呈现出明显的规律性。

一、保育土壤

保育土壤功能价值量最高的三个地级市为怀化市、永州市和郴州市，分别为 62.65 亿元/年、48.05 亿元/年和 42.02 亿元/年，占全省森林保育土壤总价值量的 37.83%（图 4-2）。通过统计

表 4-2　湖南省各地级市生态系统服务价值量评估结果

| 地级市 | 支持服务（亿元/年） | | | 调节服务（亿元/年） | | | | | | | | | | | 供给服务（亿元/年） | | 文化服务（亿元/年） | 合计（亿元/年） |
| | 保育土壤 | | 林木养分固持 | 涵养水源 | | 固碳释氧 | | 提供负离子 | 吸收气体污染物 | 净化大气环境 | | | 森林防护（×10⁶元/年） | 生物多样性保护 | 林木产品供给 | 森林康养 | |
	固土	保肥		调节水量	净化水质	固碳	释氧			滞尘 滞纳TSP	滞纳PM$_{10}$	滞纳PM$_{2.5}$	森林防护（×10⁶元/年）	生物多样性保护	林木产品供给	森林康养	
怀化市	18.32	44.34	8.65	351.65	47.27	1.05	121.65	1.40	6.99	110.42	0.75	0.30	0.64	512.00	80.30	170.26	1475.35
永州市	14.05	34.00	6.63	269.68	36.26	0.80	93.30	1.07	5.36	84.68	0.57	0.23	0.06	392.67	102.37	130.57	1172.26
郴州市	12.28	29.73	5.80	235.83	31.70	0.70	81.59	0.94	4.69	74.05	0.50	0.20	0.01	343.37	66.36	114.18	1001.94
邵阳市	11.44	27.68	5.40	219.56	29.52	0.65	75.96	0.87	4.37	68.95	0.47	0.19	0.08	319.69	91.82	106.31	962.87
湘西土家族苗族自治州	10.02	24.26	4.73	192.39	25.86	0.57	66.56	0.77	3.83	60.41	0.41	0.16	<0.01	280.13	59.14	93.15	822.40
常德市	8.32	20.13	3.93	159.69	21.47	0.48	55.25	0.64	3.18	50.14	0.34	0.14	69.05	232.51	89.76	77.32	723.97
衡阳市	7.63	18.48	3.60	146.55	19.70	0.44	50.70	0.58	2.92	46.02	0.31	0.12	<0.01	213.38	40.93	70.96	622.33
株洲市	7.01	16.96	3.31	134.53	18.09	0.40	46.54	0.54	2.68	42.24	0.29	0.11	0.08	195.88	43.63	65.14	577.33
张家界市	6.07	14.68	2.86	116.46	15.66	0.35	40.29	0.46	2.32	36.57	0.25	0.10	<0.01	169.57	58.46	56.39	520.48
益阳市	5.71	13.82	2.70	109.61	14.74	0.33	37.92	0.44	2.18	34.42	0.23	0.09	<0.01	159.60	70.70	53.07	505.56
长沙市	5.94	14.37	2.80	113.95	15.32	0.34	39.42	0.45	2.27	35.78	0.24	0.10	<0.01	165.92	36.63	55.17	488.70
岳阳市	5.60	13.57	2.65	107.59	14.46	0.32	37.22	0.43	2.14	33.79	0.23	0.09	14.37	156.66	46.43	52.09	473.42
娄底市	3.54	8.57	1.67	67.95	9.14	0.20	23.51	0.27	1.35	21.34	0.14	0.06	0.02	98.94	23.45	32.90	293.03
湘潭市	2.10	5.07	0.99	40.25	5.41	0.12	13.93	0.16	0.80	12.64	0.09	0.03	<0.01	58.61	16.33	19.49	176.01
合计	118.03	285.66	55.73	2265.69	304.60	6.74	783.84	9.02	45.08	711.45	4.82	1.92	84.32	3298.93	826.30	1097.00	9815.64

数据可以看出，怀化市、永州市和郴州市森林生态系统保育土壤价值相当于 3 个地级市 GDP 的 2.67%，比湖南省森林生态系统保育土壤价值量占全省 GDP 总量比值高出了将近 2 个百分点，由此可以看出怀化市、永州市和郴州市森林生态系统保育土壤功能对于湖南省的重要性。而排名靠前的 3 个地级市属于湘江和沅江流域重要的分布区，区内还分布有湖南省 17 座大型水库和 118 座中型水库，其森林生态系统的固土作用极大地保障了生态安全以及延长了水库的使用寿命，为本区域社会经济发展提供了重要保障。在地质灾害发生方面，湖南省怀化市、永州市和郴州市分别属于湘西北武陵山地土壤侵蚀高值区、南岭山地土壤侵蚀高值区和衡（阳）邵（阳）丘陵土壤侵蚀高值区，所以，这 3 个地级市的森林生态系统保育土壤功能对于降低湖南省地质灾害等经济损失、保障人民生命财产安全，具有非常重要的作用。

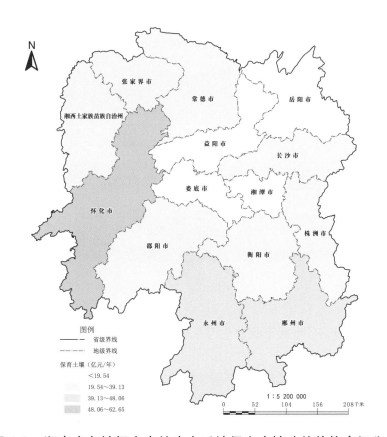

图 4-2　湖南省各地级市森林生态系统保育土壤功能价值空间分布

二、林木养分固持

林木养分固持功能价值量最高的 3 个地级市为怀化市、永州市和郴州市，分别为 8.65 亿元 / 年、6.63 亿元 / 年和 5.80 亿元 / 年，占全省森林林木养分固持总价值量的 37.83%（图 4-3）。通过统计数据可以看出，怀化市、永州市和郴州市森林生态系统林木养分固持价值相当于 3 个地级市 GDP 的 0.37%，与湖南省森林生态系统林木养分固持价值量占全省 GDP 总量比值相差不大。由此表明，湖南省各个地级市森林生态系统林木养分固持功能所创造的价值量相对森林生态系统其他服务功能价值量而言较弱。但是，值得肯定的是，林木养分固持功能首先是维持自身生态系统的养分平衡，其次才是为人类提供生态系统服务。林木养分固持功能可以使土壤中部分养分元素暂时的保存在植物体内，在之后的生命循环周期内再归还到土壤中，这样可以暂时降低因为水土流失而带来的养分元素的损失，这都说明了林木养分固持功能的重要性。

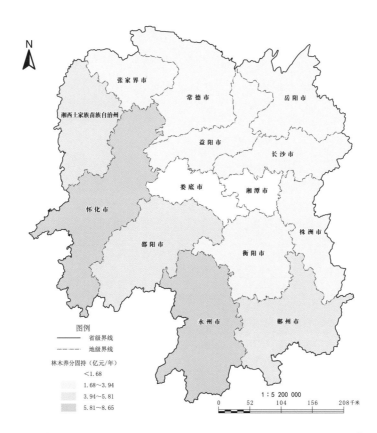

图 4-3　湖南省各地级市森林生态系统林木养分固持功能价值空间分布

三、涵养水源

涵养水源功能价值量最高的 3 个地级市为怀化市、永州市和郴州市，分别为 398.92 亿元 / 年、305.94 亿元 / 年和 267.53 亿元 / 年，占全省森林涵养水源总价值量的 37.83%；最低的 3 个地级市为岳阳市、娄底市和湘潭市，分别为 122.06 亿元 / 年、77.09 亿元 / 年和 45.66 亿元 / 年，仅占全省森林涵养水源总价值量的 9.52%（图 4-4）。通过统计数据可以看出，怀化市、永州市和郴州市的森林生态系统涵养水源价值占 3 个地级市 GDP 总量的 17.03%，比湖南省森林生态系统涵养水源价值量占全省 GDP 总量比值 7.06% 高出近 10 个百分点。由此可以看出，怀化市、永州市和郴州市森林生态系统涵养水源功能为湖南省作出了重要贡献。一般而言，建设水利设施用来拦截水流、增加贮备是人们采用最多的工程方法，但是建设水利等基础设施存在许多缺点，例如：占用大量的土地，改变了其土地利用方式；水利等基础设施存在使用年限等问题。所以，森林生态系统就像一个"绿色、安全、永久"的水利设施，只要不遭到破坏，其涵养水源的功能是持续增长的，同时还能带来其他方面的生态功能，例如：防治水土流失、吸收二氧化碳、生物多样性保护等。

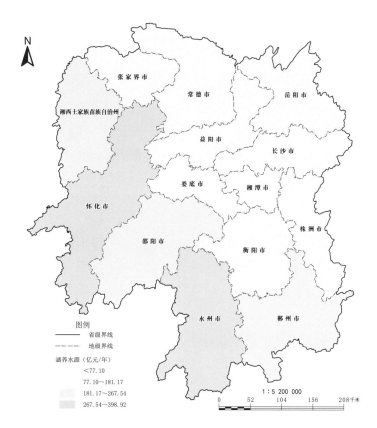

图 4-4　湖南省各地级市森林生态系统"绿色水库"空间分布

四、固碳释氧

固碳释氧功能价值量最高的 3 个地级市为怀化市、永州市和郴州市，分别为 122.70 亿元／年、94.10 亿元／年和 82.29 亿元／年，占全省森林固碳释氧总价值量的 37.83%；最低的 3 个地级市为岳阳市、娄底市和湘潭市，分别为 37.54 亿元／年、23.71 亿元／年和 14.04 亿元／年，仅占全省森林固碳释氧总价值量的 9.52%（图 4-5）。通过统计数据可以看出，怀化市、永州市和郴州市森林生态系统固碳释氧价值量相当于 3 个地级市 GDP 的 5.24%，比湖南省森林生态系统固碳释氧价值量占全省 GDP 总量比值 2.17% 高出了 3 个百分点。由此可以看出，郴州市、永州市和怀化市森林生态系统固碳释氧功能对于湖南省的重要作用。邢书军（2016）研究得出，湖南工业二氧化碳减排价格为 1.1 万元／吨，如果怀化市、永州市和郴州市森林生态系统所固定的二氧化碳需要通过工业减排的方式来实现，那么其减排费用则超过 1097.71 亿元，相当于 2018 年湖南省 GDP 的 3.01%。由此可以看出，森林绿色碳库所创造的固碳价值具有良好的经济效益。

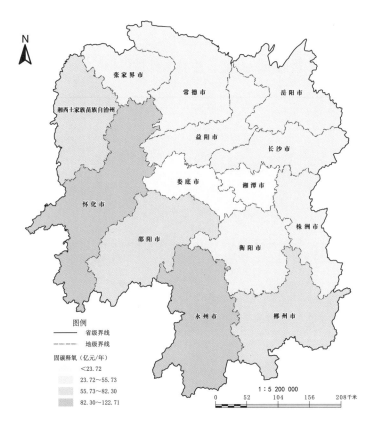

图 4-5　湖南省各地级市森林生态系统"绿色碳库"空间分布

五、净化大气环境

净化大气环境功能价值量最高的 3 个地级市为怀化市、永州市和郴州市，分别为 119.86 亿元 / 年、91.92 亿元 / 年和 80.38 亿元 / 年，占全省森林净化大气环境总价值量的 37.83%（图 4-6）；森林生态系统还对大气颗粒物，如可吸入颗粒物（PM_{10}）和细颗粒物（$PM_{2.5}$）具有较大的调控和吸收净化作用，湖南省森林生态系统滞纳 PM_{10} 和 $PM_{2.5}$ 的价值量可达 6.76 亿元 / 年，而怀化市、永州市和郴州市这 3 个地级市滞纳 PM_{10} 和 $PM_{2.5}$ 的价值量为 2.56 亿元 / 年。通过统计数据可以看出，怀化市、永州市和郴州市森林生态系统净化大气环境价值相当于 3 个地级市 GDP 的 5.12%，比湖南省森林生态系统净化大气环境价值量占全省 GDP 总量比值 2.12% 高出了 3 个百分点。由此可以看出，怀化市、永州市和郴州市森林生态系统净化大气环境功能对湖南省的重要作用。《湖南省 2018 年环境状况公报》显示，湖南省各地级市中，按照城市环境空气质量综合指数评价，14 个市州所在城市的空气质量排名从好到差依次为湘西土家族苗族自治州、张家界市、怀化市、郴州市、益阳市、娄底市、常德市、永州市、邵阳市、岳阳市、衡阳市、长沙市、株洲市、湘潭市。全省环境空气质量等级呈现从西向东、从南向北减少的趋势，这与全省森林生态系统服务功能价值量的分布趋势是一致的，说明生态环境质量与森林分布和森林生态系统所发挥的生态功能密切相关。

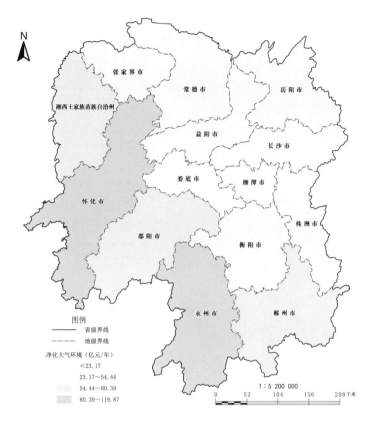

图 4-6　湖南省各地级市森林生态系统"绿色氧吧库"空间分布

六、森林防护

森林防护功能价值量最高的 3 个地级市为常德市、岳阳市和怀化市，分别为 6905 万元 / 年、1437 万元 / 年和 64 万元 / 年，占全省森林防护总价值量的 37.83%（图 4-7）。通过统计数据可以看出，常德市、岳阳市和怀化市森林生态系统森林防护价值对于三个地级市 GDP 而言，所占比例只有 0.01%。由此可知，湖南省各地级市森林生态系统森林防护功能所创造的价值量相对森林生态系统其他服务功能价值量而言较弱。相对于我国西北及华北地区森林生态系统的防风固沙功能而言，湖南省森林生态系统主要起到了农田防护的功能，特别是常德市和岳阳市的农田防护林面积在全省来说相对较高，而长沙市、湘潭市和衡阳市等市（州）都没有特定的农田防护林和防风固沙林。而农田防护林对于保护农田，减轻自然灾害，改善生态环境，保证农业生产条件和促进农业稳产高产起到了重要的作用，这都说明了森林防护功能的重要性。

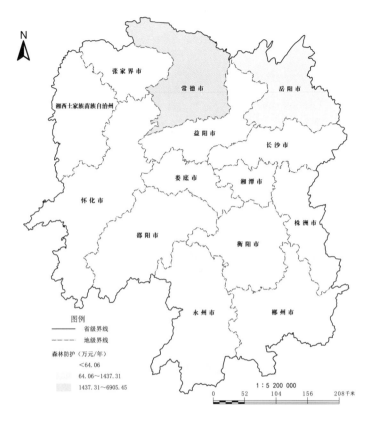

图 4-7   湖南省各地级市森林生态系统防护功能价值空间分布

七、林木产品供给

林木产品供给功能价值量最高的 3 个地级市为永州市、邵阳市和常德市，分别为 102.37 亿元 / 年、91.82 亿元 / 年和 89.76 亿元 / 年，占林木产品供给总价值量的 34.36%；最低的 3 个地级市为长沙市、娄底市和湘潭市，分别为 36.63 亿元 / 年、23.45 亿元 / 年和 16.33 亿元 / 年，仅占湖南省林木产品供给总价值量的 9.25%（图 4-8）。通过分析可知，邵阳市和永州市都是木材主要产区。在林下经济产品价值量中，常德市、永州市和邵阳市在全省范围内排前三。常德市虽然不是木材主产区，但林下经济产业发展较好。常德市主要通过项目支持，鼓励和引导林下经济从一家一户松散型发展模式向"公司＋基地＋农户""合作社＋基地＋农户"等集约化模式转变，石门县被确定为林下经济国家示范基地，石门县和鼎城区被确定为全省首批林下经济试点县，湖南春秋生态农业科技有限公司、湖南冯鑫林木油茶专业合作社等 10 个单位被确定为全省林下经济示范基地，初步形成了"龙头带动、产业促进"的发展态势。目前经过扶持引导，全省重点发展了林下种植、林下养殖、林下产品加工利用等多种模式，林下经济年产值近 59.42 亿元，森林生态系统实现了增加林业附加值、促进林农增收和巩固生态成果三赢的效果。

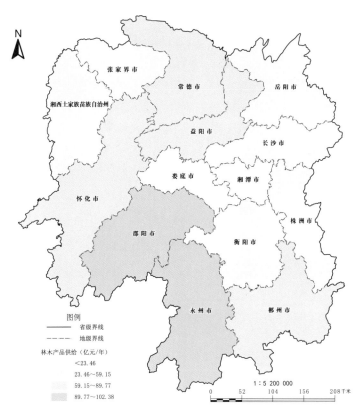

图 4-8　湖南省各地级市森林生态系统林木产品供给功能价值空间分布

八、生物多样性保护

生物多样性保护功能价值量最高的 3 个地级市为怀化市、永州市和郴州市,分别为512.00 亿元 / 年、392.67 亿元 / 年和 343.37 亿元 / 年,占全省生物多样性保护总价值量的37.83%;最低的 3 个地级市为岳阳市、娄底市和湘潭市,分别为 156.66 亿元 / 年、98.94 亿元 / 年和 58.61 亿元 / 年,仅占全省生物多样性保护总价值量的 9.52%(图 4-9)。通过统计数据可以看出,怀化市、永州市和郴州市森林生态系统生物多样性保护价值相当于 3 个地级市 GDP 的 21.85%,比全省森林生态系统生物多样性保护价值量占全省 GDP 总量 9.05% 的比值高出了近 13 个百分点。由此可以看出,怀化市、永州市和郴州市森林生态系统生物多样性保护功能对于湖南省的重要性。湖南省生物多样性丰富,《全国生态功能区区划》中的罗霄山脉水源涵养与生物多样性保护重要区、武陵山区生物多样性保护与水源涵养重要区、南岭山地水源涵养与生物多样性保护重要区和洞庭湖洪水调蓄与生物多样性保护重要区均位于湖南。湖南省政府将生物多样性保护纳入政策与政府的工作日程,编制了《湖南省生物多样性保护战略和行动计划(2013—2030 年)》,谋划了一批生物多样性重大保护工程,在全省划定了 12 个生物多样性保护优先区域,即:壶瓶山区域、八大公山—白云山区域、张家界—高望界区域、舜皇山—明竹老山区域、雪峰山区域、洞庭湖区域、桃源洞—八面山区域、莽山区域、九嶷山区域、阳明山—都庞岭区域、幕阜山—连云山区域和衡山区域。而怀化市、永州市和郴州市 3 市位于雪峰山、九嶷山区域、阳明山—都庞岭区域和莽山区域，因此生物多样性价值量较高。

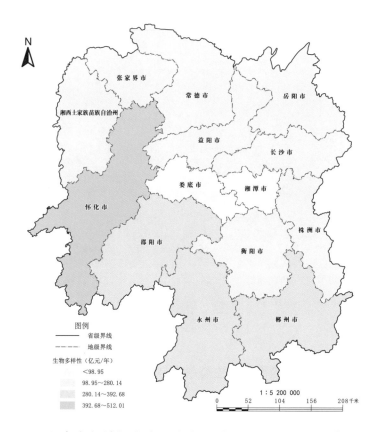

图 4-9 湖南省各地级市森林生态系统"绿色基因库"空间分布

九、森林康养

森林康养功能价值量最高的 3 个地级市为怀化市、永州市和郴州市，分别为 170.26 亿元 / 年、130.57 亿元 / 年和 114.18 亿元 / 年，占全省森林康养总价值量的 37.83%（图 4-10）。通过统计数据可以看出，怀化市、永州市和郴州市的森林康养价值占 3 个地级市 GDP 总量的 7.27%，比湖南省森林康养价值量占全省 GDP 总量比值 3.01% 高出了超过 4 个百分点，可见这三市的森林康养价值量在全省占有重要的地位。优质的森林资源是森林康养的基础，可提供清新宜居的森林环境、丰富多彩的森林景观及回归自然的森林文化。森林每生长 1 立方米，可吸收 1.83 吨二氧化碳，放出 1.62 吨氧气，有的树木释放的植物精气还具有杀菌、保健的作用。研究表明，在人的视野中，绿色达到 25% 以上时，能消除眼睛和心理的疲劳。即清新宜居的森林环境可养身，丰富多彩的森林景观可养眼，回归自然的森林文化可养心。

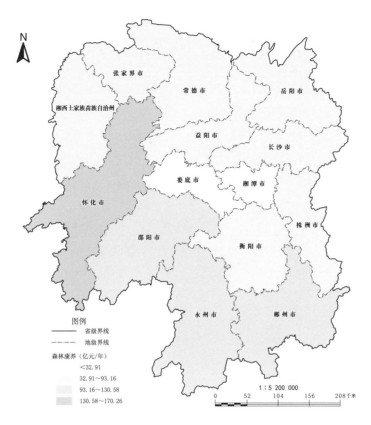

图 4-10 湖南省各地级市森林生态系统森林康养功能价值空间分布

从表 4-2 和图 4-11、图 4-12 可以看出，14 个地级市森林生态系统服务价值量总和大小顺序为怀化市 > 永州市 > 郴州市 > 邵阳市 > 湘西土家族苗族自治州 > 常德市 > 衡阳市 > 株洲市 > 张家界市 > 益阳市 > 长沙市 > 岳阳市 > 娄底市 > 湘潭市，其中排名前三的地级市的森林生态系统服务总价值量占全省总价值的 37.18%；而岳阳市、娄底市和湘潭市位于湖南省森林生态系统服务总价值的后三位，仅占全省总价值的 9.60%。

各地级市的每项功能以及总的森林生态系统服务价值量的分布格局，与湖南省各地级市森林资源自身的属性和所处地理位置有直接的关系。湖南省是南方重点林区之一，森林资源极为丰富，森林在全省经济建设和人民生活中占有重要的地位。湖南省东（湘东）、南（湘南）、西（湘西）三面环山，湘东有幕阜、连云、九岭、武功、万洋、诸广等山脉，海拔一般为 500 ~ 1000 米；湘南有南岭山脉，峰顶海拔都在 1000 米以上，向东西方向延伸，是长江和珠江水系的分水岭；湘西有海拔在 1000 ~ 1500 米之间山势雄伟的武陵山、雪峰山盘踞，是湖南省东、西自然条件的分界线。这些地区森林资源丰富，中部丘陵、盆地起伏，北部湖泊、平原交错，而湖南省森林资源由于所处地区不同，呈现出从湘东、湘南和湘西向北逐渐递减的趋势。

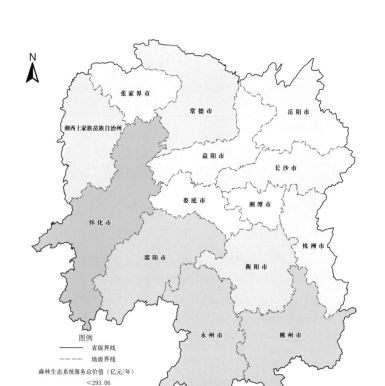

图 4-11　湖南省各地级市森林生态系统服务总价值空间分布

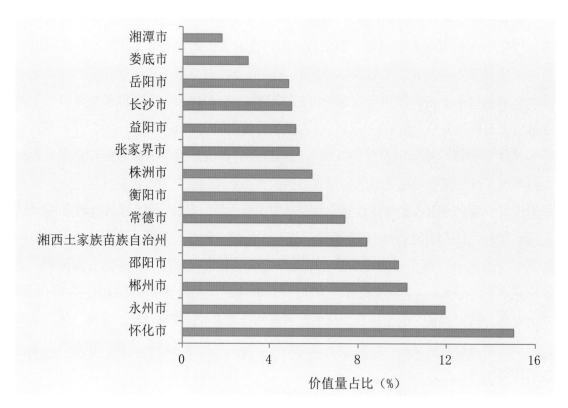

图 4-12　湖南省各地级市生态系统服务价值量排序

湖南省各地级市森林生态系统服务功能价值分布格局存在着规律性。

第一，各地级市间森林生态系统服务功能价值的大小排序与森林面积大小排序几乎一致，略有差别，呈明显的正相关关系。湖南省各地级市森林面积大小也表现为怀化市＞永州市＞郴州市＞邵阳市＞湘西土家族苗族自治州＞常德市＞衡阳市＞株洲市＞张家界市＞长沙市＞益阳市＞岳阳市＞娄底市＞湘潭市，各地级市的森林生态系统服务功能总价值排序与其森林面积大小排序基本是一致的。根据刘曦乔等（2017）对湖南省森林生态系统碳储量、碳密度及其分布的研究表明：从空间分布上看，森林面积最大的怀化市植被层碳储量最多（65.86 Tg C），占整个湖南省的18.19%；其次是永州市、郴州市、邵阳市和湘西土家族苗族自治州。而面积最小的湘潭市植被层的碳储量最少，仅占湖南省的1.91%。这与本评估结果是一致的。

第二，与各地级市所处的地理位置有关，湖南省的地貌轮廓是东、南、西三面环山，森林资源丰富，中部丘岗起伏，北部湖盆平原展开，沃野千里，是朝东北开口的不对称马蹄形地形。湖南省地貌类型多样，有半高山、低山、丘陵、岗地、盆地和平原，可划分为6个地貌区：湘西北山原山地区、湘西山地区、湘南丘山区、湘东山丘区、湘中丘陵区、湘北平原区。生态景观主要特点：沅水、澧水流域，山体高大，走向明显，山峦起伏，地形陡峻；光、热资源较少，暴雨集中；耕地少而分散，且以坡耕地为主；森林植被资源丰富。湘江、资水流域，低山丘陵面积大，地势平缓，森林植被尚好，但土壤抗蚀能力差，生态功能脆弱；耕地资源比较丰富，经济比较发达。以山地和丘陵地貌为主，合占总面积的66.62%。夏栗等（2017）对湖南省碳储量的空间分布研究可知：湘西北逆时针方向至湘东南区域（简称湘西北—东南区）的森林植被碳储量显著高于其他区域，该区域依次分布有西北的武陵山脉，西部的雪峰山脉，南部的五岭山脉以及东南部的罗霄山脉，地貌轮廓决定了该区域是湖南省森林资源的集中分布区；湘北植被碳储量仅次于湘西北—东南区，该区洞庭湖平原面积广大，属洞庭湖防护林区；湘中及湘东植被碳储量最低，该区多为丘陵岗地，是包括长株潭在内的城市扩张区，森林资源分布相对较少。

第三，湖南省各地级市森林生态系统服务功能价值量分布格局与其生态环境建设及土地利用政策息息相关。湖南省生态环境建设按水系划为六大块，即湘江流域、资水流域、沅水流域、澧水流域、洞庭湖区和其他水系。湘江流域包括长沙市、株洲市、湘潭市、衡阳市、郴州市、永州市、邵阳市和娄底市等8个地级市，生态环境建设的主攻方向是切实保护好现有的森林植被，加大封山育林和退耕还林力度，提高森林覆盖率；调整林种、树种结构，增加混交林和防护林比重，提高森林防护效能；大力营造水源涵养林、薪炭林。资水流域包括邵阳、娄底市和益阳市等3个地级市，生态环境建设的主攻方向是以建设生态公益林为中心，大力保护天然林资源，积极营造水土保持林、水源涵养林、薪炭林。沅水流域包括怀化市、湘西土家族苗族自治州、邵阳市和常德市等4个地级市，生态环境建设的主攻方

向是大力改造坡耕地，25°以下的进行坡改梯，建设果园林及经济林地，25°以上的全部退耕还林还草；调整林种结构，营造水土保持林，水源涵养林，建设沅水中上游防护林体系；全面封山育林，禁伐天然林。澧水流域包括常德市和张家界市等2个地级市，生态环境建设的主攻方向是加大封山育林和退耕还林力度，发展水源涵养林、用材林和经济林、薪炭林，减少地表径流，防止崩塌、崩岗、泥石流等自然灾害。洞庭湖区包括岳阳市、常德市、益阳市和长沙市等4个地级市，生态环境建设的主攻方向是加强湿地生态系统及生物多样性的保护，大力营造防浪防堤林和水土保持林。其他水系包括珠江水系的江华县、江永县、宜章县、汝城县、临武县，以及赣江水系的桂东县和汝城县，涉及6个县，生态环境建设的主攻方向是丘陵山区以坡耕地综合治理为重点，突出抓好封山育林和人工造林，恢复林草植被，积极发展林果业等多种经营。由于不同的土地利用状况对森林生态系统的保护和管理方式不同，对湖南省森林生态系统服务功能的影响也不同。

第四，与人为干扰有关。湖南省的湘西北山原地区、湘西山区、湘南丘山区和湘东山丘区农业生产的自然地理条件较差，经济相对落后，但其森林植被资源丰富，人为干扰相对较少，其森林生态系统服务功能在全省范围内相对较高；而湘中丘陵区，低山丘陵面积大，地势平缓、人类活动频繁，经营粗放，林草植被破坏严重。有研究表明，工业发达的衡阳市、岳阳市、湘潭市土壤碳密度与自然资源保护完好的张家界相比分别降低12.88%、9.18%和8.08%，说明人类活动产生的扰动会降低土壤碳密度及碳储量。可见，人类活动干扰同样也是影响森林生态系统服务空间变异性的重要因素。

最后，与降水量有关。由于各地级市所处的地理区位不同，降水量也存在差别。据《2017年湖南省水资源公报》显示，湖南省多年平均年降水量1449.8毫米，降水时空分布不均，全省区域分布呈现三高二低，高值区分别为南岭—罗霄山脉、雪峰山和八大公山等山区，降水量在1800～2700毫米。降水量多年平均年降水量（折合水量亿立方米）排序靠前的分别有怀化市、邵阳市、永州市、郴州市、常德市、湘西土家族苗族自治州和衡阳市，而靠后的3个市是岳阳市、娄底市和湘潭市。水是植物生命活动的根本需要，也是植物赖以生存的环境条件。植物体可利用的水分大部分来自于大气降水，因此降水量多少对植物的生长状况影响很大（王培娟等，2008）。有研究表明，降水量与森林生态效益呈正相关关系，主要是由于降水量作为参数被用于涵养水源的计算，与涵养水源生态效益正相关；另一方面，降水量大小还会影响生物量高低，进而影响到固碳释氧功能（黄玫等，2006；牛香，2012）。同时，生物量高生长也会带动其他森林生态系统服务功能项的增强（谢高地等，2003），有研究表明，长江上游生态系统的重要生态功能之一是通过生物增量和植物覆盖，控制水土流失，进而减少泥沙入江（陈国阶等，2005）。所以，降水量在一定程度上也是影响森林生态系统服务功能的重要环境驱动因子。

第三节　不同优势树种（组）生态系统服务功能价值量评估

由于森林防护、森林康养和林木产品供给功能是以生态系统为单位进行价值核算，因此本节内容所描述的不同优势树种（组）的生态系统服务功能价值量不包括森林防护、森林康养和林木产品供给功能的价值量。根据物质量评估结果，通过价格参数，将湖南省不同优势树种（组）生态系统服务功能的物质量转化为价值量，结果如表 4-3、图 4-13 至图 4-18 所示，湖南省各优势树种组间生态系统服务功能价值量评估结果的分配格局呈明显的规律性，且差异较明显。

一、保育土壤

保育土壤功能价值最高的为杉木、针阔混和灌木林，分别为 89.00 亿元 / 年、55.49 亿元 / 年和 86.62 亿元 / 年，占全省森林保育土壤总价值量的 57.25%；从林分类型来看，全省森林生态系统保育土壤价值量表现为：乔木林＞灌木林＞竹林，其中，乔木林的最高，为 281.44 亿元 / 年，占全省保育土壤总价值量的 69.72%；其次是灌木林，为 86.62 亿元 / 年，占总价值量的 21.46%；最低是竹林，仅为 35.63 亿元 / 年，占总量的 8.83%。乔木林的保育土壤价值量以杉木林的最高，达 89.00 亿元 / 年，占乔木林总量的 31.59%；其次是针阔混和马尾松，分别为 55.49 亿元 / 年和 45.73 亿元 / 年，分别占乔木林保育土壤总价值量的 19.70% 和 16.23%。保育土壤价值量最低的 3 个优势树种组为水杉、其他杉类和铁杉，分别为 0.18 亿元 / 年、0.16 亿元 / 年和 0.07 亿元 / 年，仅占全省森林保育土壤总价值量的 0.10%（图 4-13）。

湖南是我国地质灾害（滑坡、崩塌、泥石流和地面塌陷等）比较严重的省份之一，属地质灾害高易发区，从全省来看，地质灾害（隐患）集中发育于大起伏山地、中起伏山地、小起伏山地和丘陵，根据 2015 年发布的第三次土壤侵蚀遥感调查数据显示，湖南省水土流失呈带状分布，整体强度呈从西向东，从南到北下降的趋势（段雅茹，2018）。众所周知，林草植被有效地降低了降雨侵蚀动能，使土壤流失驱动力转化为侵蚀能力较小的径流冲刷和剥蚀作用，从而显著地降低了流域输沙模数。而杉木、马尾松和栎类等植被大部分集中在湖南的南部和西部山区。因此，可以大大降低地质灾害发生的可能性，同时，还减少了随着径流进入到河流和湿地等水体中养分含量，降低了水体富营养化程度，保障了湿地生态系统的安全。

表 4-3 湖南省不同优势树种（组）生态系统服务功能价值量评估结果

优势树种（组）	支持服务（亿元/年）			调节服务										供给服务		文化服务	合计（亿元/年）
	保育土壤		林木养分固持	涵养水源（亿元/年）		固碳释氧（亿元/年）		提供负离子	净化大气环境（亿元/年）				森林防护	生物多样性保护（亿元/年）	林木产品供给	森林康养	
	固土	保肥		调节水量	净化水质	固碳	释氧		吸收气体污染物	滞尘							
										滞纳TSP	滞纳PM₁₀	滞纳PM₂.₅					
阔叶混	11.61	26.76	4.73	575.27	77.34	2.11	166.57	2.22	6.50	77.37	0.52	0.21		1393.05			2344.26
灌木林	25.04	61.57	16.49	435.86	58.6	0.49	53.19	0.32	4.92	58.62	0.40	0.16		849.90			1565.54
杉木	26.45	62.55	0.51	246.12	33.09	1.33	191.86	1.27	12.17	206.69	1.40	0.56		258.94			1042.93
针阔混	18.91	36.58	1.45	329.13	44.25	0.60	97.66	1.23	5.98	94.81	0.64	0.26		311.14			942.65
针叶混	2.67	6.65	0.52	180.45	24.26	0.27	51.92	0.73	4.52	79.70	0.54	0.22		200.94			553.39
竹林	10.47	25.16	30.87	212	28.5	0.58	70.34	1.58	1.93	30.54	0.21	0.08		51.03			463.28
马尾松	11.56	34.17	0.24	122.67	16.49	0.68	91.37	1.01	6.07	117.19	0.80	0.32		57.58			460.14
其他松类	3.23	9.55	0.01	34.27	4.61	0.34	31.97	0.18	1.10	21.32	0.14	0.06		14.89			121.67
栎类	1.64	3.82	0.06	28.6	3.84	0.08	7.88	0.12	0.32	3.85	0.03	0.01		34.96			85.200
杨树	2.21	7.11	0.23	30.81	4.14	0.09	6.23	0.10	0.44	5.18	0.04	0.01		2.98			59.56
其他软阔类	0.69	1.69	0.07	11.97	1.61	0.03	3.44	0.04	0.14	1.61	0.01	<0.01		33.73			55.04
樟木	0.84	2.33	0.10	17.65	2.37	0.04	0.98	0.06	0.20	2.37	0.02	0.01		21.10			48.07
其他硬阔类	0.58	1.92	0.04	8.88	1.19	0.02	0.93	0.03	0.10	1.19	0.01	<0.01		17.46			32.36

（续）

优势树种（组）	支持服务（亿元/年）			调节服务												供给服务		文化服务	合计（亿元/年）
	保育土壤		林木养分固持	涵养水源（亿元/年）		固碳释氧（亿元/年）		净化大气环境（亿元/年）						森林防护	生物多样性保护（亿元/年）	林木产品供给	森林康养	
	固土	保肥		调节水量	净化水质	固碳	释氧	提供负离子	吸收气体污染物	滞尘								
										滞纳TSP	滞纳PM$_{10}$	滞纳PM$_{2.5}$						
木荷	0.29	0.68	0.03	5.10	0.69	0.01	1.49	0.02	0.06	0.69	0.01	<0.01		13.49			22.54
枫香	0.18	0.43	0.02	3.20	0.43	0.01	0.71	0.01	0.04	0.43	<0.01	<0.01		15.08			20.54
柏木	0.41	1.19	0.02	6.89	0.93	0.02	3.08	0.02	0.22	3.81	0.03	0.01		3.57			20.21
桉树	0.19	0.47	0.02	3.30	0.44	0.01	1.03	0.01	0.04	0.44	<0.01	<0.01		9.52			15.48
檫木	0.35	0.81	0.04	6.09	0.82	<0.01	0.18	0.01	0.07	0.82	0.01	<0.01		3.17			12.37
柳杉	0.24	0.9	0.01	2.22	0.3	0.01	0.73	0.02	0.11	1.86	0.01	0.01		1.90			8.32
楝树	0.06	0.14	0.01	1.03	0.14	<0.01	0.30	<0.01	0.01	0.14	<0.01	<0.01		2.78			4.61
落叶松	0.14	0.27	0.21	1.01	0.14	<0.01	0.4	0.01	0.04	1.41	0.01	<0.01		0.2			3.85
榆树	0.11	0.34	0.01	1.49	0.20	<0.01	0.44	0.01	0.02	0.25	<0.01	<0.01		0.4			3.27
水杉	0.05	0.13	0	0.50	0.07	<0.01	0.22	<0.01	0.03	0.42	<0.01	<0.01		0.52			1.94
泡桐	0.02	0.27	0.02	0.53	0.07	<0.01	0.38	<0.01	0.02	0.26	<0.01	<0.01		0.20			1.78
其他杉类	0.05	0.12	0	0.44	0.06	<0.01	0.2	<0.01	0.02	0.37	<0.01	<0.01		0.20			1.47
铁杉	0.02	0.05	0.02	0.21	0.03	<0.01	0.34	<0.01	0.01	0.13	<0.01	<0.01		0.20			1.02
总计	118.03	285.66	55.73	2265.69	304.60	6.74	783.84	9.02	45.08	711.45	4.82	1.92	0.84	3298.93	826.30	1097.00	9815.64

注：森林防护、林木产品供给和森林康养功能以生态系统进行评估，不按照优势树种（组）评估。

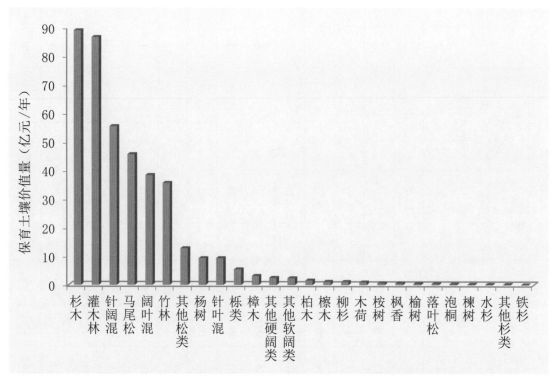

图 4-13　湖南省不同优势树种（组）保育土壤价值量分配格局

二、林木养分固持

湖南省林木养分固持功能价值量最高的 3 种优势树种组为竹林、灌木林和乔木林中的阔叶混，分别为 30.87 亿元／年、16.49 亿元／年和 4.73 亿元／年，占全省林木养分固持总价值量的 93.46%。湖南省森林生态系统的林木养分固持功能价值量按林分类型排序由高到低是竹林＞灌木林＞乔木林，分别为 30.87 亿元／年、16.49 亿元／年和 8.37 亿元／年，分别占全省林木养分固持功能价值量的 55.39%、29.59% 和 15.02%，以竹林的养分固持功能最高，占全省总量的一半以上，乔木林的养分固持功能价值量最低。乔木林中以阔叶混最高，为 4.73 亿元／年，占乔木林林木养分固持功能价值量的 56.51%，其次是针阔混和针叶混，分别为 1.45 亿元／年和 0.52 亿元／年，分别占 17.32% 和 6.21%（图 4-14）。森林生态系统通过林木养分固持功能，可以将土壤部分养分暂时储存在林木体内。在其生命周期内，通过枯枝落叶等掉落物分解作用和根系周转的方式再归还到土壤中，有些固持在土壤中的养分，有些被植被重新吸收利用，这样就大大降低了因水土流失而造成的土壤养分的损失。有研究表明，阔叶混交林比针阔混交林，更有利于土壤养分（全氮、全磷、全钾）的保存与碳固持（袁在翔，2017）。森林可在一定程度上减少因为水土流失而带来的养分损失，在其生命周期内，使得固定在体内的养分元素再次进入生物地球化学循环，极大地降低水库和湿地水体富营养化的可能性。

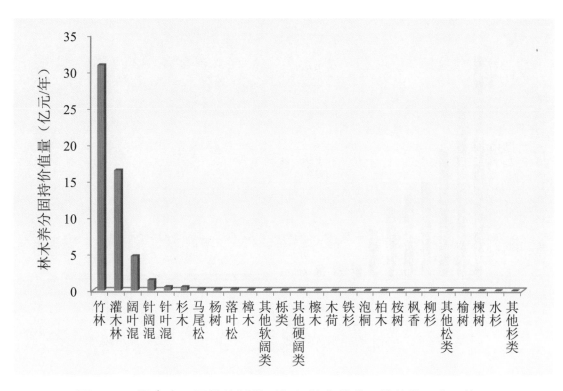

图 4-14　湖南省不同优势树种（组）林木养分固持价值量分配格局

三、涵养水源

湖南省涵养水源功能价值量如图 4-15 所示，表现为乔木林＞灌木林＞竹林，乔木林涵养水源的功能价值量为 1835.34 亿元 / 年，占全省涵养水源价值总量的 71.41%，灌木林和竹林涵养水源的价值量分别为 494.45 亿元 / 年和 240.50 亿元 / 年，分别占涵养水源价值总量的 19.24% 和 9.36%。而乔木林涵养水源价值量中以阔叶混的最高，达 652.61 亿元 / 年；其次是针阔混，为 373.38 亿元 / 年；杉木居第三位，达 279.21 亿元 / 年。根据《2018 年湖南省水利发展统计公报》显示，2018 年湖南省水利工程投资额度为 264.37 亿元，阔叶混、灌木林、针阔混和杉木的涵养水源价值量都超过了 2018 年的水利投资总额度，尤以阔叶混林最为显著，是 2018 年湖南省水利投资额度的 2.5 倍。由此可以看出，湖南省主要林分涵养水源的重要性。因为水利设施的建设是需要占据一定面积的土地，往往会改变土地使用类型，无论占据的是哪一类土地类型，均会对社会造成不同程度的影响。另外，建设的水利设施存在使用年限和一定的危险性，随着使用年限的延伸，水利设施内会淤积大量的淤泥，降低了其使用寿命，还存在崩塌的危险，对人民群众的生产生活造成潜在的威胁。所以，利用和提高森林生态系统涵养水源功能，可以减少相应的水利设施的建设，将以上危险性降到最低。

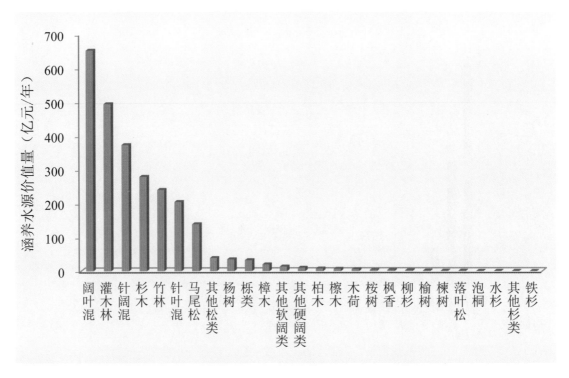

图 4-15　湖南省不同优势树种（组）涵养水源价值量分配格局

四、固碳释氧

湖南省森林生态系统固碳释氧的价值量为 790.58 亿元 / 年，占全省总价值量的 8.05%。固碳释氧功能价值量最高的 3 种优势树种（组）为杉木、阔叶混和针阔混，分别为 193.19 亿元 / 年、168.68 亿元 / 年和 98.26 亿元 / 年，占全省固碳释氧总价值量的 58.20%（图 4-16）。从林分类型来说，全省森林生态系统固碳释氧价值量表现为乔木林＞灌木林＞竹林，以乔木林的固碳释氧价值量最高，为 665.99 亿元 / 年，占全省固碳释氧价值量的 84.24%，乔木林的固碳释氧服务功能对全省的贡献非常大；竹林最低，仅为 53.68 亿元 / 年，占全省固碳释氧价值量的 6.79%。乔木林中以杉木的固碳释氧价值量最高，为 193.19 亿元 / 年，占乔木林总价值量的 29.01%；其次是阔叶混（为 168.68 亿元 / 年），占乔木林总量的 29.01%；居第三位的是针阔混，达 98.26 亿元 / 年；最低的是檫木，仅有 0.18 万元 / 年，占乔木林总量的 0.03%。评估结果显示，湖南省森林生态系统固碳量达到 2637.78 万吨 / 年，若是通过工业减排的方式来减少等量的碳排放量，所投入的费用达 2901.56 亿元，约占湖南省 2018 年 GDP（36425.78 亿元）的 7.96%。由此可以看出，森林生态系统固碳释氧功能不仅能创造经济价值，还是节能减排的重要途径。

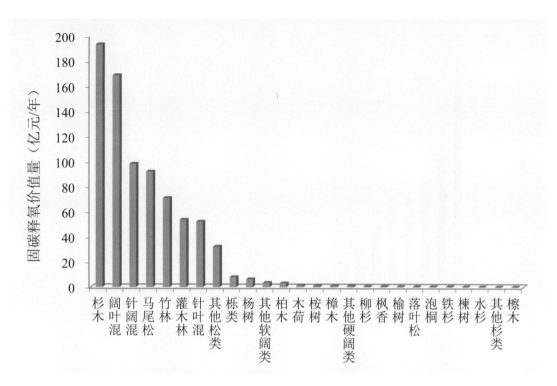

图 4-16　湖南省不同优势树种（组）固碳释氧价值量分配格局

五、净化大气环境

湖南省森林生态系统净化大气环境的服务功能价值量为 772.29 亿元 / 年，净化大气环境功能价值量最高的 3 种优势树种组为杉木、马尾松和针阔混，分别为 222.09 亿元 / 年、125.38 亿元 / 年和 102.93 亿元 / 年，占全省净化大气环境总价值量的 58.32%；最低的 3 个优势树种 (组) 为榆树、楝树和铁杉，分别为 0.28 亿元 / 年、0.29 亿元 / 年和 0.14 亿元 / 年，仅占全省净化大气环境总价值量的 0.07%（图 4-17）。从林分类型来说，乔木林＞灌木林＞竹林，分别是 673.55 亿元 / 年、64.41 亿元 / 年和 34.33 亿元 / 年，分别占净化大气环境总价值量的 87.21%、8.34% 和 4.45%。乔木林净化大气环境价值量超过湖南省的 4/5。乔木林中净化大气环境价值量最高的 3 个优势树种（组）是杉木、马尾松和针阔混，分别为 222.09 亿元 / 年、125.38 亿元 / 年和 102.93 亿元 / 年，分别占全省乔木林净化大气环境价值量的 32.97%、18.61% 和 15.28%，这 3 个树种（组）净化大气环境价值占乔木林的 66.86%，超过总量的 2/3。乔木林中净化大气环境价值量最低的 3 个优势树种 (组) 为楝树、榆树和铁杉，分别为 0.15 亿元 / 年、0.28 亿元 / 年和 0.28 亿元 / 年，仅占全省乔木林净化大气环境价值量的 0.11%。

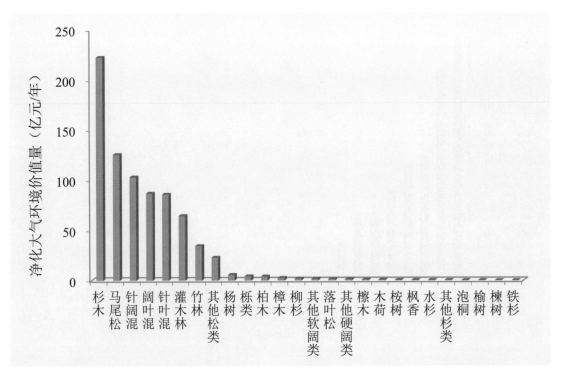

图 4-17　湖南省不同优势树种（组）净化大气环境价值量分配格局

六、生物多样性保护

湖南省生物多样性服务功能价值量为 3298.92 亿元 / 年，是 9 项服务功能指标占比最高的。从林分类型来看（图 4-18），生物多样性服务功能价值量表现为乔木林＞灌木林＞竹林，价值量最高的是乔木林，为 2397.99 亿元 / 年，占生物多样性价值总量的 72.69%；其次是灌木林，为 849.90 亿元 / 年，占比 25.76%；最低是竹林，仅为 51.03 亿元 / 年，占比为 1.55%。其中，乔木林的生物多样性价值量以阔叶混最高，为 1393.05 亿元 / 年，占乔木林生物多样性价值量的 58.09%；其次是针阔混，为 311.14 亿元 / 年，占比 12.98%；而排第三和第四的分别是杉木和针叶混，生物多样性价值量分别为 258.94 亿元 / 年和 200.94 亿元 / 年，分别占乔木林价值量的 10.8% 和 8.34%。而这 4 个树种（组）占全省乔木林生物多样性价值量总和的 90.24%，可见，阔叶混、针阔混、针叶混和杉木 4 种林分的生物多样性价值量贡献全省乔木林的 90%。湖南省的地貌是东、南、西三面环山，中部丘岗，北部湖盆平原，是朝东北开口的不对称马蹄形地形，湖南省特殊的地理位置决定了生物多样性有其不可替代的独特性，受生境条件的影响，湖南省的野生动植物具有明显地域性，湘西武陵—雪峰山地、湘南南岭及湘东幕阜—罗霄山地受人为干扰较少，野生动植物资源丰富，珍稀物种多。目前为保护珍贵的动植物资源及景观地貌，湖南省共设立了 522 个自然保护地，为生物多样性保护工作提供了坚实的基础。

除森林防护、森林康养和林木产品供给功能之外，由湖南省不同优势树种组生态系统服务总价值量分析可知，各优势树种组价值量之和在 1.02 亿～ 2344.25 亿元 / 年之间，阔叶混、灌木林和杉木排前三，泡桐、其他杉类和铁杉排后三位（表4-3、图4-19）。从林分类型来看，表现为乔木林＞灌木林＞竹林，其顺序与各优势树种面积的大小顺序大致相同，全省林地面积也表现为乔木林＞灌木林＞竹林，说明各优势树种组6大功能价值量总和与面积是呈正相关性。

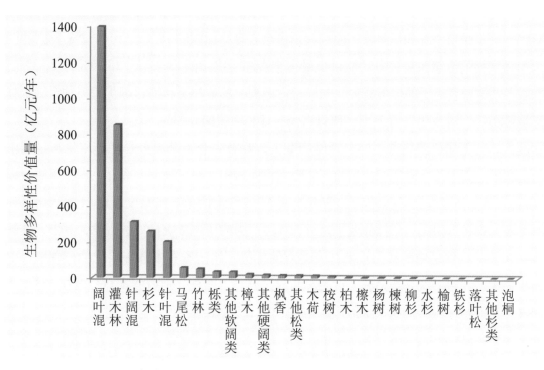

图 4-18　湖南省不同优势树种（组）生物多样性保护价值量分配格局

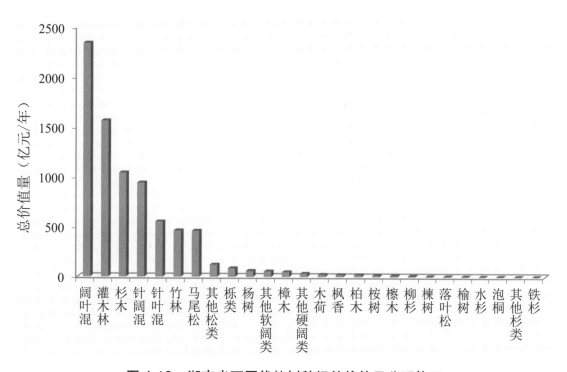

图 4-19　湖南省不同优势树种组总价值量分配格局

由以上评估结果可以看出，湖南省森林生态系统服务在不同优势树种组间的分配格局呈现一定的规律性。

首先，这是由其面积决定的。由全省的优势树种的资源清查数据可知，不同优势树种的面积大小排序与其生态系统服务大小排序呈现较高的正相关性。湖南省乔木林中，优势树种组面积最大的前3位分别为阔叶混、杉木和马尾松。其中，阔叶混面积占全省森林面积的20.90%，其次是杉木林和马尾松，面积分别占全省森林面积的19.84%和8.82%，而阔叶混、杉木和马尾松的生态系统服务功能价值量占全省总价值量的29.71%、13.21%和5.83%。而生态服务功能排名靠后的优势树种，如水杉、泡桐、其他杉类和铁杉等优势树种组的森林面积都是最小的，均为0.32万公顷，都只占全省森林面积的0.03%。

其次，与不同优势树种组的龄级结构有关。森林生态系统服务是在林木生产过程中产生的，林木的高生长会对生态产品的产能带来正面影响。研究表明，森林生产力与林分因子（如年龄、林分高度等）、气候因子（如年均温等）、地形因子（如海拔等）、土壤因子（如土壤厚度等）都显著相关。而林分因子是对森林生产力的变化影响最大的因素，其中，林龄的影响最明显，特别是中龄林和近熟林有绝对的优势。湖南省乔木林主要优势树种中，中龄林面积最大，其后依次是幼熟林、近熟林和成过熟林，面积分别占乔木林总面积的37.62%、29.39%、17.64%和15.33%，但蓄积量以中龄林、成过熟林和近熟林占优势，分别占总蓄积量的37.47%、28.63%和24.70%。

再者，与不同优势树种组分布区域有关。湖南省乔木林树种的森林生态系统服务功能价值量大小排序中位于前列的为杉木和马尾松，其森林资源的55.86%和60.45%分布在怀化市、永州市、郴州市和邵阳市。这4个地市都位于湖南省的南部，这些区域是人工林的重点分布区域。由于地理位置的特殊性，使得不同优势树种组间森林生态系统服务功能价值量产生了异质性。

第五章

湖南省森林生态系统服务综合分析及生态产品价值实现

森林生态系统对于改善当地生态环境、保护生态安全、推进林业生态补偿制度的发展具有重要的作用。生态环境与社会经济发展之间是一种相互影响的对立统一的关系。在两者之间人们往往更重视社会经济的发展，而忽略生态环境对人类生活质量的影响，导致经济发展与生态环境之间的矛盾加剧。随着人类生活水平的提高和环保意识的加强，人们在追求经济增长的同时，开始重视生态环境的保护和优化，如何协调经济社会增长与生态环境保护之间的关系成为亟待解决的问题。本章从湖南省森林生态系统服务功能评估结果出发，分析其变化特征与湖南社会经济的关联性和匹配性，分析其社会、经济、生态环境可持续发展所面临的问题，进而为政府决策提供科学依据。

第一节　湖南省森林生态效益变化特征分析

森林作为陆地生态系统的主体，发挥着涵养水源、固碳释氧、净化空气和生态康养等一系列的服务功能。湖南省森林生态效益的评估结果表明，森林生态系统增加了蓄水量，净化了大气环境，提高了生物多样性，改善了水土流失状况等。由于区域自然地理差异性、工程措施、政策措施和社会经济等因素的影响，湖南省森林生态效益的空间格局比较显著。这些潜在的功能对人们的生产生活至关重要，同时与人们的社会经济活动关系密切。湖南省森林生态系统服务功能同样与本省乃至全国的社会经济活动有着密切的联系（图 5-1 至图 5-4）。

一、湖南省森林生态效益空间分布特征

湖南省森林生态系统产生的生态效益总价值量为 9815.64 亿元／年，相当于 2018 年湖南省 GDP（36425.78 亿元）的 26.95%（湖南省统计局，2020）。湖南省森林生态效益在空

间上呈现非均匀分布，整体上表现为森林面积越大、质量越高、水热条件越好的区域，其生态效益越高。这种空间分布特征在森林生态效益的自然地理区域空间分布与各地市（州）空间分布中均有所体现。在湖南省自然地理区域空间分布上，全省森林生态效益价值量空间格局表现为西部和南部山区（怀化市、永州市、邵阳市、湘西土家族苗族自治州和郴州市）＞北部地区（常德市、张家界市、益阳市和岳阳市）＞中东部地区（湘潭市、娄底市和长沙市），价值量呈现出西部和南部大于东部和北部，同时降雨充沛、森林质量较好的区域价值量也较高。在地市（州）区域空间分布上，森林生态系统生态效益价值量空间分布与其森林面积的空间分布基本一致，森林面积大的地级市，其生态效益价值量均位于前列。其分布格局具体表现为怀化市森林生态系统生态效益价值量最大，为 1491.37 亿元／年，其森林面积也最大，为 213.38 万公顷；永州市、郴州市和邵阳市次之，森林生态系统生态效益总价值量在 900.35 亿～ 1090.44 亿元／年之间，其森林面积也排在第二位至第四位，分别是 165.24 万、143.07 万和 131.29 万公顷；岳阳市、娄底市和湘潭市森林生态系统生态效益总价值排后三位，分别为 461.55 亿、280.67 亿和 169.40 亿元／年，其对应的森林面积也是湖南省所有地市州最小的，排后三位（图 5-1）。

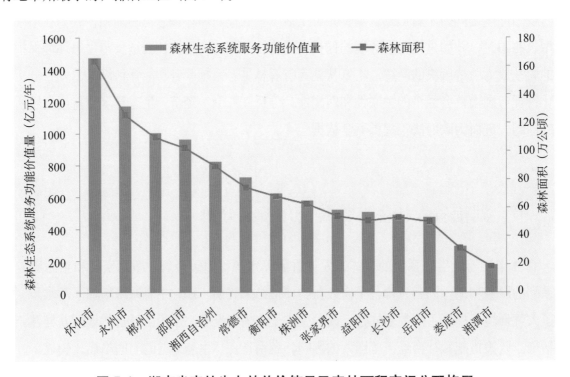

图 5-1　湖南省森林生态效益价值量及森林面积空间分配格局

二、湖南省森林生态系统服务功能与社会经济的关联性

（一）湖南省森林生态系统服务功能与社会经济发展的关联性

湖南省森林生态系统服务功能总价值量为 9815.64 亿元／年，相当于 2018 年湖南省GDP（36425.78 亿元）的 26.95%（湖南省统计局，2020）。湖南省森林生态系统服务功能总

价值分别是 2018 年湖南省旅游总收入、财政收入、农林牧渔业投资总额、林业总产值总额的 1.17 倍、3.43 倍、5.47 倍和 25.35 倍（图 5-2）。可见，湖南省森林态系统服务功能发挥重大价值。

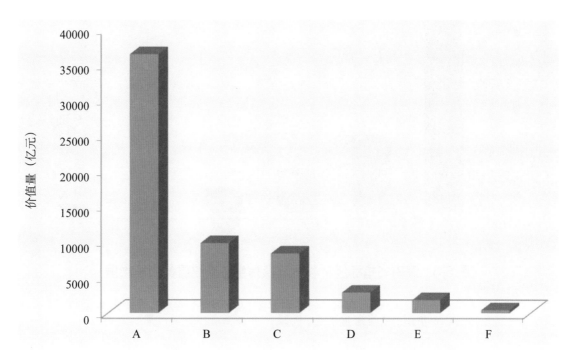

图 5-2　湖南省指标经济价值及森林生态系统服务功能价值

A.2018 年湖南省 GDP；B. 湖南省森林生态效益价值量；C.2018 年湖南省旅游总收入；D.2018 年湖南省财政收入；E.2018 年湖南省农林牧渔业投资总额；F.2018 年湖南省林业总产值总额。

（二）涵养水源功能与社会经济发展的关联性

湖南省生态系统涵养水源总物质量为 370.78 亿立方米 / 年，相当于 2018 年湖南省水资源总量的 1343 亿立方米的 27.61%（湖南省统计局，2020），也分别相当于 2018 年湖南省农业用水总量、工业用水总量、生活用水总量和环境用水总量的 1.91 倍、3.98 倍、11.59 倍和 98.87 倍（图 5-3）。不难看出，湖南省森林涵养水源量是全省农业用水量的 2 倍以上。可见，湖南省森林生态系统涵养水源功能对维持湖南省水源安全具有重要意义。

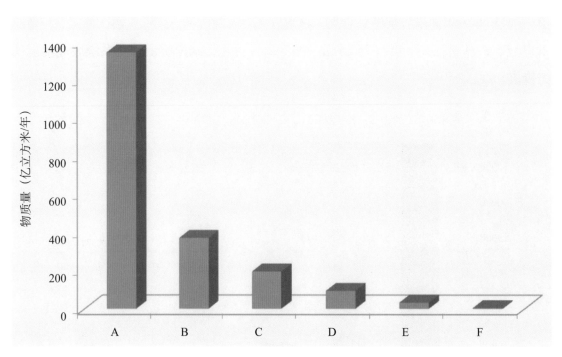

图 5-3　湖南省指标经济物质及森林生态系统服务功能物质

A.2018 年湖南省水资源总量；B. 湖南省森林涵养水源量；C.2018 年湖南省农业用水量；D.2018 年湖南省工业用水量；E.2018 年湖南省生活用水量；F.2018 年湖南省环境用水量。

（三）固碳释氧功能与社会经济发展的关联性

湖南省森林生态系统固碳释氧价值量为 790.58 亿元 / 年，相当于湖南省 2018 年旅游总收入（8355.73 亿元）的 9.46%，是湖南省 2018 年林业总产值 387.15 亿元（湖南省统计局，2020）的 2.04 倍；湖南省森林年固碳总物质量为 2637.78 万吨 / 年，依据《湖南省统计年鉴 2018》所述，湖南省能源消费标准煤的总量为 11058.68 万吨，利用碳排放转换系数（国家发展与改革委员会能源研究所，2003）可估算，湖南省森林吸收了全省二氧化碳排放量的 31.80%，发挥了重要的碳汇与碳中和作用。但湖南省林生态系统固碳释氧空间分布存在差异，呈现西部和南部地区＞北部地区＞中东部地区的现象，这是由不同地区的森林面积和质量所决定的。森林在生长过程中要吸收大量二氧化碳，放出氧气，10 平方米的森林就能把一个人呼吸出的二氧化碳全部吸收，供给所需氧气。一个人要生存，每天需要吸进 0.8 千克氧气，排出 0.9 千克二氧化碳。对于湖南省森林生态系统释氧功能来讲，其年释氧量（7838.34 万吨）可供全省全部常住人口（7326.62 万人）呼吸 3.66 年（约 1337 天）。可见，湖南省森林生态系统释氧功能的突出作用，同时森林还是天然"氧吧"，除了通过光合作用释放氧气之外，还能提供有益人们身体健康的负氧离子。2018 年湖南省森林游憩收入 1097 亿元，相当于湖南省 2018 年旅游总收入的 13.13%。湖南省森林生态系统固碳释氧功能的发挥将进一步惠及当地百姓。

（四）净化大气环境功能与社会经济发展的关联性

受城市扩张、工业发展、汽车保有量增加的影响，空气颗粒物已成为城市空气的主要污染物之一。森林不仅可为城市高污染环境下的居民提供相对洁净的休闲游憩空间，还对净化大气环境功能具有重要作用。湖南省森林生态系统净化大气环境价值量为772.29亿元/年，相当于湖南省2018年GDP的2.12%。湖南省森林生态系统每年吸收气体污染物总量为178.09万吨，年吸收二氧化硫和氮氧化物量是2018年湖南省二氧化硫、氮氧化物排放量的10.12倍和20.83%（图5-5）；年滞尘量（23731.92万吨/年）相当于湖南省2018年烟（粉）尘排放量18.98万吨的1250.37倍。随着退耕还林工程和天然林保护工程的实施，湖南省森林的面积逐渐增加，工程进一步落实管护责任、健全管理体系，必定能可使湖南省社会经济发展同生态环境改善同步进行。

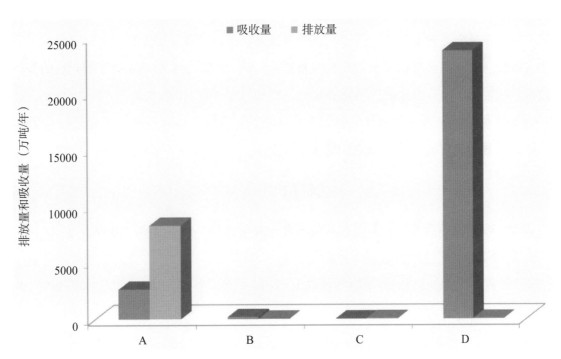

图 5-4　湖南省相关污染排放量及森林生态系统治污减霾物质量

A. 湖南省森林年固碳量、2018年湖南省碳排放量；B. 湖南省森林年吸收二氧化流量、2018年湖南省二氧化硫排放量；C. 湖南省森林年吸收氮氧化物量、2018年湖南省氮氧化物碳排放量；D. 湖南省森林年滞尘量、2018年湖南省烟（粉）尘排放量。

第二节　湖南省生态效益定量化补偿研究

随着人们对森林认识的逐渐加深，对森林生态效益的研究力度也在逐步加大，森林生态效益受到了各级政府部门的重视。对生态补偿的研究有利于生态效益评估工作的推进与开展，生态效益评估又有助于生态补偿制度的实施和利益分配的公平性。根据"谁受益、谁补偿，谁破坏、谁恢复"的原则，应该完善对重点生态功能区的生态补偿机制，形成相应的横向生态补偿制度，森林生态效益补偿可以更好地给予生态效益提供者相应的补助（牛香，2012；王兵，2015）。

> 森林生态效益科学量化补偿是基于人类发展指数的多功能定量化补偿，结合森林生态系统服务和人类福祉的其他相关关系，并符合省级财政支付能力的一种对森林生态系统服务提供者给予的奖励。
>
> 人类发展指数是对人类发展情况的总体衡量尺度。主要从人类发展的健康长寿、知识的获取以及生活水平三个基本维度衡量一个国家取得的平均成就。

通过分析人类发展指数的维度指标，将其与人类福祉要素有机地结合起来，而这些要素又与生态系统服务密切相关。其中，人类福祉要素包括年教育类支出、年医疗保健类支出和年文教娱乐类支出。在认识三者关系的背景下，进一步提出了基于人类发展指数的森林生态效益多功能定量化补偿系数。具体方法和过程介绍如下：

该方法是基于人类发展指数，综合考虑各地区财政收入水平而提出的适合湖南省的省级森林生态效益多功能定量化补偿系数（MQC）。

$$MQC = NHDI \cdot FCI \tag{5-1}$$

式中：MQC——森林生态效益多功能定量化补偿系数，以下简称"补偿系数"；

　　　　NHDI——人类发展基本消费指数；

　　　　FCI——财政相对补偿能力指数。

其中，

$$NHDI = (C_1 + C_2 + C_3) / GDP \tag{5-2}$$

式中：C_1、C_2 和 C_3——居民消费中的食品类支出、医疗保健类支出、文教娱乐用品及服务类支；

　　　　GDP——某一年的国民生产总值。

$$FCI = G/G_{全国} \tag{5-3}$$

式中：G——湖南省的财政收入；

　　　　$G_{全国}$——全国的财政收入。

所以公式转换为如下：

$$MQC = [(C_1 + C_2 + C_3) / GDP] \cdot (G/G_{全国}) \tag{5-4}$$

由森林生态效益多功能定量化补偿系数可以进一步计算补偿总量及补偿额度，公式如下：

$$TMQC = MQC \cdot V \tag{5-5}$$

式中：TMQC——森林生态效益多功能定量化补偿总量，以下简称为"补偿总量"；

　　　　V——森林生态效益。

$$SMQC = TMQC/A \tag{5-6}$$

式中：SMQC——森林生态效益多功能定量化补偿额度，以下简称为"补偿额度"；

　　　　A——森林面积。

根据湖南省统计年鉴数据，计算得出湖南省森林生态效益多功能定量化补偿系数、财政相对补偿能力指数、补偿总量及补偿额度（表5-1）。

表5-1　湖南省森林生态系统定量化补偿情况

补偿系数（%）	财政相对补偿能力指数	补偿总量（亿元/年）	补偿额度	
			[元/（公顷·年）]	[元/（亩·年）]
0.33	0.019	32.71	310.75	20.72

利用人类发展指数等方法计算的生态效益定量化补偿系数是一个动态的补偿系数，不但与人类福祉的各要素相关，而且进一步考虑了省级财政的相对支付能力。以上数据说明，随着人们生活水平的不断提高，人们不再满足于高质量的物质生活，对于舒服环境的追求已经成为一种趋势，而森林生态系统对舒适环境的贡献已形成共识，所以如果政府每年投入约财政收入的1.90%来进行森林生态效益补偿，那么相应地将会极大提高当地人民的幸福指数，这将有利于湖南省的森林资源经营与管理。

根据湖南省森林生态效益定量化补偿额度和各地市（州）森林生态效益计算出各地森林生态效益定量化补偿额度（表5-2）。湖南省各地市（州）森林生态效益分配系数介于1.79%～15.03%之间，最高的为怀化市（15.03%），其次是永州市（11.94%）和郴州市（10.21%），最低的是湘潭市（1.79%）。各地市（州）森林生态效益定量化补偿总量的变化趋势与分配系数的变化趋势一致，均与各地市（州）的森林生态效益价值量成正比。但这与湖南省各地市（州）的经济发展水平不一致，根据《湖南统计年鉴（2019）》数据可知，湖南省各地市（州）2018年财政收入排名为长沙市、株洲市、岳阳市、常德市、衡阳市、株洲市、郴州市、湘潭市、永州市、邵阳市、益阳市、娄底市、怀化市、张家界市和湘西土家族苗族自治州，这与获得的森林生态效益补偿总量之间的排序不对等。

表5-2　湖南省各地市（州）森林生态效益定量化补偿情况

地市（州）	生态效益 （亿元/年）	分配系数 （%）	补偿总量 （亿元/年）	补偿额度	
				[元/（公顷·年）]	[元/（亩·年）]
长沙市	488.75	4.98	1.63	307.65	20.51
株洲市	577.38	5.88	1.92	307.86	20.52
湘潭市	176.03	1.79	0.59	313.70	20.91
衡阳市	622.39	6.34	2.07	304.63	20.31
邵阳市	962.95	9.81	3.21	314.60	20.97
岳阳市	473.31	4.82	1.58	315.56	21.04
常德市	723.34	7.37	2.41	324.92	21.66
张家界市	520.52	5.30	1.73	320.61	21.37
益阳市	505.60	5.15	1.68	330.86	22.06
郴州市	1002.03	10.21	3.34	304.79	20.32
永州市	1172.36	11.94	3.91	311.83	20.79
娄底市	293.05	2.99	0.98	309.35	20.62
怀化市	1475.48	15.03	4.92	300.98	20.07
湘西土家族苗族 自治州	822.47	8.38	2.74	306.65	20.44

根据湖南省森林资源数据，将全省森林划分为26个优势树种（组）（包括竹林和灌木林）。依据森林生态效益多功能定量化补偿系数，得出不同的优势树种（组）所获得的分配系数、补偿总量及补偿额度。湖南省各优势树种（组）分配系数、补偿总量和补偿额度如表5-3所示，各优势树种（组）补偿分配系数介于0.01%～29.71%之间，最高的为阔叶混（29.71%），其次为灌木林（19.84%）和杉木（13.22%），最低的为铁杉（0.01%）。补偿额度前三的为檫木、杨树和落叶松，分别为53.42[元/（亩·年）]、34.29[元/（亩·年）]和33.26[元/（亩·年）]；补偿额度最低为三个优势树种（组）为其他杉类、柏木和铁杉，分别为12.67[元/（亩·年）]、11.63[元/（亩·年）]和8.84[元/（亩·年）]。补偿总量的变化趋势与补偿系数的变化趋势一致，均与各树种组的森林生态效益价值量成正比，但与各优势树种（组）的补偿额度并不一致，这是因为各优势树种（组）的面积和质量不同。

表5-3　湖南省各优势树种（组）生态效益多功能定量化补偿

优势树种（组）	生态效益 （亿元/年）	分配系数 （%）	补偿总量 （亿元/年）	补偿额度	
				[元/（公顷·年）]	[元/（亩·年）]
铁杉	1.02	0.01	<0.01	132.53	8.84
落叶松	3.85	0.05	0.02	498.91	33.26
马尾松	460.14	5.83	1.91	205.37	13.69
其他松类	121.67	1.54	0.50	210.05	14.00
杉木	1042.93	13.22	4.32	207.02	13.80
柳杉	8.32	0.11	0.03	269.38	17.96

（续）

优势树种（组）	生态效益（亿元/年）	分配系数（%）	补偿总量（亿元/年）	补偿额度	
				[元/（公顷·年）]	[元/（亩·年）]
水杉	1.94	0.02	0.01	251.31	16.75
柏木	20.21	0.26	0.08	174.48	11.63
其他杉类	1.47	0.02	0.01	190.05	12.67
栎类	85.20	1.08	0.35	408.29	27.22
樟木	48.07	0.61	0.20	389.19	25.95
榆树	3.27	0.04	0.01	212.00	14.13
木荷	22.54	0.29	0.09	292.03	19.47
枫香	20.54	0.26	0.09	241.82	16.12
其他硬阔类	32.36	0.41	0.13	381.05	25.40
檫木	12.37	0.16	0.05	801.37	53.42
杨树	59.56	0.75	0.25	514.30	34.29
泡桐	1.78	0.02	0.01	230.24	15.35
桉树	15.48	0.20	0.06	334.25	22.28
楝树	4.61	0.06	0.02	298.53	19.90
其他软阔类	55.04	0.70	0.23	309.95	20.66
针叶混	553.39	7.01	2.29	376.96	25.13
阔叶混	2344.26	29.71	9.72	425.54	28.37
针阔混	942.65	11.95	3.91	286.58	19.11
竹林	463.28	5.87	1.92	233.30	15.55
灌木林	1565.54	19.84	6.49	378.71	25.25

注：表中各优势树种（组）生态效益不包括林木产品供给、森林防护和森林康养价值。

第三节　湖南省生态 GDP 核算

生态 GDP 对于正确认识和处理经济社会发展与生态环境保护之间的关系至关重要，将生态效益纳入国民经济核算体系，可以引导人们自觉改变"先污染，后治理"的观念，树立"良好的生态环境就是宝贵财富，保护环境就是保护生产力"的理念。积极响应党的十八大报告的号召，把这种理念贯彻到经济、社会的实践中，建立考核和评价机制，促使人们加大对生态环境的保护力度。同时将生态文明建设上升到"五位一体"国家意志的战略高度，融入经济社会发展全局，从源头上解决环境问题。2018 年，湖南省通过严格落实目标责任制、开展资源节约、推行节能新机制和实施重点节能减排工程等，全省规模工业综合能源消费量 6060.1 万吨标准煤，比上年下降 5.9%。其中，六大高耗能行业综合能源消费量 4806.6 万吨标准煤，下降 5.7%。万元规模工业增加值能耗 0.58 吨标准煤/万元，下降 12.7%。主要污染物中，化学需氧量排放量比上年削减 4.23%，二氧化硫削减 29.45%，氮氧化物削减 9.18%，烟（粉）尘排放量较上年削减 9.12%（湖南省统计局，2019）。

> 生态 GDP 是指从现行 GDP 核算的基础上，减去资源消耗价值和环境退化价值，加上生态系统的生态效益，也就是在绿色 GDP 核算体系的基础上加入生态系统的生态效益。

一、核算背景

中国共产党第十八次全国代表大会报告专门提出建设生态文明是关系人民福祉、关系民族未来的长远大计，必须树立尊重自然、顺应自然、保护自然的生态文明理念，把生态文明建设放在突出地位，融入经济建设、政治建设、文化建设、社会建设各方面和全过程，努力建设美丽中国，实现中华民族永续发展。要把资源消耗、环境损害，生态效益纳入经济社会发展评价体系，建立体现生态文明要求的目标体系、考核办法、奖惩机制，作为加强生态文明制度建设的范畴。人类社会的发展必须是和谐发展，而和谐发展要以生态文明建设为基础。其中，森林发挥了至关重要的生态效益、经济效益和社会效益，这三大效益是实现人类社会和谐发展、建设生态文明的基础。就当前我国而言，森林在促进经济又好又快发展、协调区域发展、发展森林文化产业以及应对气候变化、防沙治沙、提供可再生能源、保护生物多样性等方面具有不可替代的作用。在党的十七大报告中谈到面临的困难和问题时，把经济增长的资源环境代价过大列在第一位。而在党的十八大报告中提到前进道路上的困难和问题时，"资源环境约束加剧"仍然位列其中。2012 年 11 月 21 日，国务院召开全国综合配套改革试点工作座谈会上，时任国务院副总理李克强再次提到："要健全评价考核、责任追究等机制，加强资源环境领域的法治建设。通过体制不仅要约束人，还要激励人和企业加强节能环保工作。要更多地用法律手段调节和规范环保行为，使改革中发展的最大红利更多地体现在生态文明建设和转型发展、科学发展上"。这足以表明，资源环境问题已经成为我们党的重点关注方面。只有将环境保护上升到国家意志的战略高度，融入经济社会发展全局，才能从源头上减少环境问题。建设生态文明，不同于传统意义上的污染控制和生态恢复，而是克服工业文明弊端，探索资源节约型、环境友好型发展道路的过程。国民经济核算体系中最为重要的总量指标——国内生产总值（Gross Domestic Product，GDP）反映总体经济增长水平和发展趋势，其增长指标作为各个国家宏观调控的首要目标，常被公认是衡量国家经济状况的最佳指标。然而，现行的国内生产总值（GDP）在其核算过程中没有考虑经济生产对资源环境的消耗利用，过高估计了经济活动的成就，不能衡量社会分配和社会公正，使巨大的自然资源消耗成本和环境降级成本被忽略，导致为了单纯追求 GDP 的增长而使得自然资源和环境状况为其付出沉重代价，最终导致经济不能可持续发展，加剧全球性生态灾难，使得人类居住环境日益恶化，甚至威胁到人类的生存与发展。为了校正国民核算体系中 GDP 核算的不合理性，人们提出了"绿色 GDP"核算体系，其内涵便是环境成本的核算，把经济发

展中的自然资源耗减成本和环境资源耗减成本纳入

绿色 GDP 是扣除经济活动中投入的资源和环境成本后的国内生产总值，是对 GDP 核算体系的进一步完善和补充，然而绿色 GDP 核算仅考虑了经济发展消耗资源的量，而没有考虑资源再生产的价值，即自然界自身的生态效益。简单地认为，"经济产出总量增加的过程，必然是自然资源消耗增加的过程，也必然是环境污染和生态破坏的过程"，在一定程度上忽略了自然界的主动性，进而制约了创造生态价值的积极性。同时，绿色 GDP 核算体系不符合生态文明评价制度，不能担当生态文明评价体系的重任。为了探索生态文明评价制度的创新途径，建立生态文明评价体系，中国林业科学研究院首席专家王兵研究员通过认真学习党的十八大报告关于生态文明建设内容的精髓，结合自己多年的研究和思考，于 2012 年 11 月在国内外率先提出了"生态 GDP"的概念，即在现行 GDP 的基础上减去环境退化价值和资源消耗价值，加上生态效益，也即在原有绿色 GDP 核算体系的基础上加入生态效益，弥补了绿色 GDP 核算中的缺陷。在用科学的态度继续探索绿色 GDP 核算的基础上，改进和完善了环境经济核算体系，提出了能真实反映环境、经济、社会可持续发展的、顺应民意、合乎潮流的"生态 GDP"理论，无论从核算制度和体系角度，还是从核算方法和基础角度上都能进一步推展开来。

二、核算方法

经环境调整后生态 GDP 核算，以环境价值量核算结果为基础，扣除环境成本（包括资源消耗成本和环境退化成本），再加上生态服务功能价值，对传统国民经济核算总量指标进行调整，形成经环境因素调整后的生态 GDP 核算。首先，构建环境经济核算账户，包括实物量账户和价值量账户，账户分别由 3 部分组成：资源耗减、环境污染损失、生态系统服务功能。然后，利用市场法、收益现值法、净价格法、成本费用法、维持费用法、医疗费用法、人力资本法等方法对资源耗减和环境污染损失价值量进行核算。

三、核算结果

（一）资源消耗价值

根据《湖南省统计年鉴（2019）》，2018 年湖南省能源消费总量为 12001.29 万吨原煤。根据文献计算出湖南省 2018 年资源消耗价值为 540.06 亿元（潘勇军，2013）。

（二）环境损害核算

本书对环境污染损害价值从四个方面进行核算：①环境污染造成的生态损失；②资产加速折旧损失；③人体健康损失；④环境污染虚拟治理成本。

1. 环境污染造成的生态损失

环境污染对生态环境造成的损失核算：将环境污染所造成的各类灾害所引起的直接经济

损失作为环境污染对生态环境的损失价值，根据《2018 年湖南省环境状况公报》和《湖南省统计年鉴（2019)》，得到湖南省 2015 年环境污染物造成的生态损失价值为 51.02 亿元。

2. 资产加速折旧损失

由于环境污染对各类机器、仪器、厂房及其他公共建筑和设施等固定资产造成损失，各类污染物会对固定资产产生腐蚀等不利作用，加速固定资产折旧，使用寿命缩短、维修费用增加等，利用市场价值法对污染造成的固定资产损失进行核算。根据潘勇军的测算方法得出，2018 年湖南省资产加速折旧损失为 37.30 亿元。

3. 人体健康损失

环境污染对人体健康造成的损失是一个极其复杂的问题。环境污染对人体健康的影响主要表现为呼吸系统疾病、恶性肿瘤、地方性氟和砷（污染）中毒造成的疾病，参照潘勇军，2013，仅考虑环境污染造成的医疗费用增加和直接劳动力损失进行人体健康损失费用核算，最终得出湖南省环境污染导致人体健康损失费用为 152.87 亿元。

4. 环境污染虚拟治理成本

经济活动对环境质量的损害主要是由于经济活动中各项废弃物的排放没有全部达到排放标准，应该经过治理而没有治理，对环境造成污染，使环境质量下降所带来的环境资产价值损失。通过《中国统计年鉴（2019)》统计出的污染物数据，并结合文献中提及的处理成本，计算得出 2018 年湖南省环境污染虚拟治理成本为 40.00 亿元。

（三）湖南省生态 GDP 核算结果

2018 年湖南省传统 GDP 总量为 37623.72 亿元，根据生态 GDP 的核算方法：生态 GDP＝传统 GDP 总量－资源消耗价值－环境损害价值（环境污染造成的生态损失＋资产加速折旧损失＋人体健康损失＋环境污染虚拟治理成本）＋生态服务价值（因省份不同各指标系数不同）。最终计算得出，湖南省 2018 年生态 GDP 达 46618.11 亿元，相当于当年传统 GDP 和绿色 GDP 的 1.24 倍和 1.27 倍。

（四）各地级市生态 GDP 核算结果

湖南省各地级市的生态 GDP 核算账户见表 5-4，可以看出各地级市的传统 GDP 与资源消耗价值和环境损害价值存在一定的相关性。其中，长沙市、岳阳市和娄底市的资源消耗价值和环境损害价值总和占传统 GDP 的比重较高，主要是因为以上 3 个地级市资源消耗量较高。经计算得出的各地级市间的绿色 GDP 排序与传统 GDP 基本相同（岳阳市和常德市有变化），并且均有不同程度的降低，降低比例较高的为娄底市、湘潭市、湘西土家族苗族自治州、岳阳市和郴州市，均在 2.0% 以上；各地级市间的生态 GDP 排序与传统 GDP 存在差异，与各地级市间的森林资源分布差异性有关。其中，生态 GDP 排序上升的有怀化市和郴州市，分别从第 12 位和第 6 位，上升为第 7 位和第 5 位，上升幅度分别为 5 位和 1 位。这从表 5-4 对比可以看出，生态 GDP 排序上升的地级市，其森林生态服务价值均排在湖南省

表5-4　湖南省各地级市生态GDP核算账户

序号	地级市	量值（亿元）		资源消耗（亿元）	环境损害（亿元）				量值（亿元）		森林生态效益（亿元）	生态GDP	
		传统GDP	排序		污染物生态损失	资产加速折旧	人体健康损失	环境污染虚拟治理成本	绿色GDP	排序		量值（亿元）	排序
1	长沙市	11003.41	1	37.51	0.00	11.73	60.52	6.74	10886.91	1	488.75	11375.66	1
2	岳阳市	3411.01	2	88.64	0.13	3.60	13.64	4.06	3300.94	3	473.31	3774.26	3
3	常德市	3394.20	3	42.08	0.15	3.05	12.90	3.13	3332.88	2	723.34	4056.22	2
4	衡阳市	3046.03	4	35.94	0.06	2.93	10.66	3.64	2992.80	4	622.39	3615.19	4
5	株洲市	2631.51	5	36.62	0.13	2.93	8.95	3.30	2579.58	5	577.38	3156.96	6
6	郴州市	2391.87	6	42.98	0.13	2.60	7.89	2.88	2335.39	6	1002.03	3337.42	5
7	湘潭市	2161.36	7	62.57	29.03	2.62	8.00	2.69	2056.46	7	176.03	2232.48	10
8	永州市	1805.65	8	16.51	0.12	1.36	5.96	2.87	1778.83	8	1172.36	2951.19	8
9	邵阳市	1782.65	9	25.53	0.00	1.42	5.70	2.42	1747.58	9	962.95	2710.53	9
10	益阳市	1758.38	10	32.58	0.08	1.61	5.63	1.93	1716.55	10	505.60	2222.15	11
11	娄底市	1540.41	11	97.68	0.00	1.71	4.78	2.17	1434.07	11	293.05	1727.12	12
12	怀化市	1513.27	12	14.96	0.09	1.11	4.69	2.11	1490.31	12	1475.48	2965.79	7
13	湘西土家族苗族自治州	605.05	13	4.26	21.10	0.38	1.82	1.25	576.24	13	822.47	1398.71	13
14	张家界市	578.92	14	2.19	0.00	0.25	1.74	0.81	573.93	14	520.52	1094.45	14
合计		37623.72		540.06	51.02	37.30	152.87	40.00	36802.47		9815.64	46618.11	

的前列，且怀化市位于第 1 位（1475.48 亿元 / 年），这充分表明森林生态系统提供的生态效益巨大，其生态服务功能支撑经济发展，生态产品提供的生态效益在国民经济发展中起着功不可没的作用，在一定程度上能消减由于资源和环境损害造成对 GDP 增长率的影响。所以，生态 GDP 既考虑了经济活动对资源消耗价值和环境污染带来的外部成本，促进加快经济发展方式转化，向以集约型、效益型、结构型发展方式转变的技术进步，又考虑了生态系统所带来的生态效益纳入国民经济核算中，体现人类社会和自然和谐共生的关系。

第四节　湖南省森林生态产品价值实现途径设计

生态产品是人类从自然界获取的生态服务和最终物质产品的总称，既包括清新的空气、洁净的水体、安全的土壤、良好的生态、美丽的自然、整洁的人居，还包含人类通过产业生态化、生态产业化形成的生态标签产品。生态产品保护补偿是生态产品价值实现的重要方式之一，以生态产品质量和价值为基础，通过纵向转移支付、横向转移支付、异地开发等方式实现优质生态产品可持续和多样化供给（彭明俊等，2021）。日前，中共中央办公厅、国务院办公厅印发《关于建立健全生态产品价值实现机制的意见》（以下简称《意见》），首次将生态产品价值实现机制进行了系统化、制度化阐述，提出建立生态环境保护者受益、使用者付费、破坏者赔偿的利益导向机制，探索政府主导、企业和社会各界参与、市场化运作、可持续的生态产品价值实现路径，推进生态产业化和产业生态化，构建绿水青山转化为金山银山的政策制度体系。《意见》为完善生态产品保护补偿指出了明确的方向。

生态产品价值实现的过程，是经济社会发展格局、城镇空间布局、产业结构调整和资源环境承载能力相适应的过程，有利于实现生产空间、生活空间和生态空间的合理布局。生态产品具有非竞争性和非排他性的特点，是一种与生态密切相关的、社会共享的公共产品。推动生态产品全民共享，大力推进全民义务植树，创新公众参与生态保护和修复模式，适当开放自然资源丰富的重大工程区域，让公众深切感受生态保护和修复成就，提高重大工程建设成效的社会认可度，积极营造全社会爱生态、护生态的良好风气（自然资源部，2020）。习近平总书记在深入推动长江经济带发展座谈会上强调，要积极探索推广绿水青山转化为金山银山的路径，选择具备条件的地区开展生态产品价值实现机制试点，探索政府主导、企业和社会各界参与、市场化运作、可持续的生态产品价值实现路径。探索生态产品价值实现，是建设生态文明的应有之义，也是新时代必须实现的重大改革成果。本研究在以往学者研究基础上，研究湖南省森林生态产品的价值实现途径技术，为湖南省森林生态产品的价值转化提供依据。

一、生态产品概念的提出与发展

生态产品的概念在 2010 年《全国主体功能区规划》中首次提出，被定义为"维系生态安全、保障生态调节功能、提供良好人居环境的自然要素"，一方面基于国际上生态系统服务研究成果，以生态系统调节服务为主；另一方面从人类需求角度出发，将清新空气、清洁水源等人居环境纳入其中，对生态系统服务来说是一个巨大的提高。"产品"是作为商品提供给市场、被人们使用和消耗的物品，产品的生产目的就是通过交换转变成商品，商品是用来交换的劳动产品，产品进入交换阶段就成为商品。因比，我国提出生态产品概念的战略意图就是要把生态环境转化为可以交换消费的生态产品，充分利用我国改革开放后在经济建设方面取得的经验、人才、政策等基础，用搞活经济的方式，充分调动起社会各方开展环境治理和生态保护的积极性，让价值规律在生态产品的生产、流通与消费过程发挥作用，以发展经济的方式解决生态环境的外部不经济性问题。

生态产品是指生态系统的生物生产功能和人类社会的生产劳动共同作用提供人类社会使用和消费的终端产品或服务，包括保障人居环境、维系生态安全、提供物质原料和精神文化服务等人类福祉或惠益，是与农产品和工业产品并列的，满足人类美好生活需求的生活必需品。生态产品的概念对比生态系统服务的概念，有三个特点：①将生态产品定义局限于终端的生态系统服务，阐明了生态产品与生态系统服务和纯粹的经济产品之间的边界关系；②明确生态产品的生产者是生态系统和人类社会，阐明了生态产品与非生态自然资源之间的边界关系；③明确生态产品含有人与人之间的社会关系，为阐明生态产品价值实现机制提供了经济学基础。

自 2010 年开始，生态产品及其价值实现理念多次在党和国家的重要文件及讲话中提及，逐渐演变成贯穿习近平生态文明思想的核心主线。生态产品及其价值实现理念随着我国生态文明建设的深入逐渐深化和升华，从最初的仅当作国土空间优化的一个要素到党的十八大报告提出将生态产品生产能力看作是提高生产力的重要组成部分；到 2016 年在生态产品概念基础上首次提出价值实现理念；2017 年提出开展生态产品价值实现机制试点深化对生态产品的认识和要求；2018 年习近平总书记在深入推动长江经济带发展座谈会的讲话为生态产品价值实现指明了发展方向、路径和具体要求，生态产品价值实现正式成为习近平生态文明思想的核心主线，并在 2018 年年底提出以生态产品产出能力为基础健全生态保护补偿及其相关制度；随后习近平总书记在黄河流域生态保护和高质量发展座谈会上提出国家生态功能区要创造更多生态产品，2020 年 4 月提出将提高生态产品生产能力作为生态修复的目标，生态价值实现的理论逐渐演变成为生态文明的核心理论基石。

伟大的理论需要丰富鲜活的实践支撑，生态产品及其价值实现理念为习近平生态文明思想提供了物质载体和实践抓手，各个部门、各级政府在实际工作中应将生态产品价值实现作为工作目标、发力点和关键绩效，通过生态产品价值实现将习近平生态文明思想从战略部署转化为具体行动，本研究根据国内外研究进展，探索湖南省森林生态产品价值实现的途径与方法。

生态产品及其价值实现理念的提出是我国生态文明建设在思想上的重大变革，随着我国生态文明建设的逐步深入，逐渐演变成为贯穿习近平生态文明思想的核心主线，成为贯彻习近平生态文明思想的物质载体和实践抓手，显示出了强大的实践生命力和重要的学术理论价值。其最早可追溯到 2010 年 12 月的《全国主体功能区划》（国务院，2015）。2012 年 11 月，党的十八大报告提出"增强生态产品生产能力"，将生态产品生产能力看作是提高生产力的重要组成部分。党的十八大报告中，生态文明建设被提到前所未有的战略高度(习近平，2017)；再到 2016 年 8 月的《国家生态文明试验区（福建）实施方案》首次提出生态产品价值实现的理念，一直到2020年4月《全国重要生态系统保护和修复重大工程总体规划(2021—2035 年)》明确将提高生态产品生产能力作为生态修复的目标（图 5-5）。

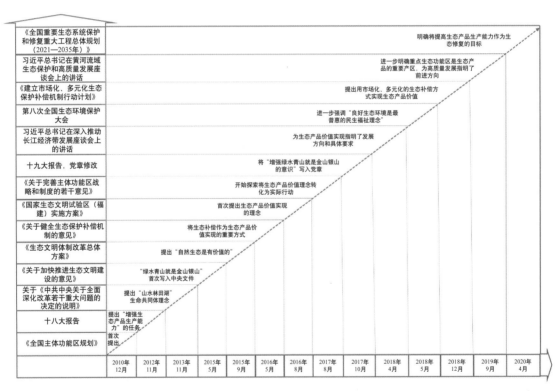

图 5-5　生态产品价值实现发展过程（引自"生态产品价值实现理论与实践"微信公众号）

二、生态产品价值实现的重大意义

生态产品价值实现的实质就是生态产品的使用价值转化为交换价值的过程。2021年4月，中共中央办公厅、国务院办公厅印发《关于建立健全生态产品价值实现机制的意见》，指出建立健全生态产品价值实现机制，是贯彻落实习近平生态文明思想的重要举措，是践行绿水青山就是金山银山理念的关键路径，是从源头上推动生态环境领域国家治理体系和治理能力现代化的必然要求，对推动经济社会发展全面绿色转型具有重要意义。为加快推动建立健全生态产品价值实现机制，走出一条生态优先、绿色发展的新路子。生态产品价值实现是一项生态文明建设领域重大的创新性战略措施，是一个涉及经济、社会、政治等相关领域的系统性工程，具有重大的战略作用和现实意义。

一是表明我国生态文明建设理念的重大变革。生态产品价值实现是我国在生态文明建设理念上的重大变革，环境就是民生（中共中央文献研究室，2016），生态环境被看作是一种能满足人类美好生活需要的优质产品，这样良好生态环境就由古典经济学家眼中单纯的生产原料、劳动的对象转变成为提升人民群众获得感的增长点、经济社会持续健康发展的支撑点、展现我国良好形象的发力点（《党的十九大报告辅导读本》编写组，2017）。生态环境同时具有了生产原料和劳动产品的双重属性，是影响生产关系的重要生产力要素，丰富拓展了马克思生产力与生产关系理论。

二是为"两山"理论提供实践抓手和物质载体。"绿水青山就是金山银山"理论是习近平生态文明思想的重要组成部分，生态产品及其价值实现理念是"两山"理论的核心基石，为"两山"理论提供了实实在在的实践抓手和价值载体。金山银山是人类社会经济生产系统形成的财富的形象比喻，可以用 GDP 反映金山银山的多少；而生态产品是自然生态系统的产品，是自然生态系统为人类提供丰富多样福祉的统称（张林波等，2019）。习近平说过将生态环境优势转化为生态农业、生态旅游等生态经济优势，那么绿水青山就变成了金山银山（习近平，2007）。因此，生态产品所具有的价值就是绿水青山的价值，生态产品就是绿水青山在市场中的产品形式。

三是我国强化经济手段保护生态环境的实践创举。产品具备在市场中流通、交易与消费的基础（张林波等，2019）。生态环境转化为生态产品，价值规律可以在其生产、流通与消费过程发挥作用，运用经济杠杆可以实现环境治理和生态保护的资源高效配置。将生态产品转化为可以经营开发的经济产品，用搞活经济的方式充分调动起社会各方的积极性，利用市场机制充分配置生态资源，充分利用我国改革开放后在经济建设方面取得的经验、人才、政策等基础，以发展经济的方式解决生态环境的外部不经济性问题（张林波等，2019）。因此，可以说生态产品价值实现是我国政府提出的一项创新性的战略措施和任务，是一项涉及经济、社会、政治等相关领域的系统性工程。

四是将生态产品培育成为我国绿色发展新动能。我国生态产品极为短缺，生态环境是我国建设美丽中国的最大短板（中共中央文献研究室，2016）。研究结果表明，近 20 年来我国生态资源资产平稳波动的趋势没有与社会经济同步增长（张林波等，2019）；而同时期，经济发达、幸福指数高的国家基本表现为"双增长、双富裕"（TEEB，2009）。生态差距成为我国与发达国家最大的差距，通过提高生态产品生产供给能力可以为我国经济发展提供强大生态引擎。

三、森林生态产品价值化实现路径

森林生态系统所提供的生态产品也较大，但目前针对森林生态产品价值实现的研究还较少。王兵等（2020）针对中国森林生态产品价值化实现路径也进行了设计，如图5-6所示，将森林生态系统的四大服务（支持服务、调节服务、供给服务、文化服务）对应保育土壤、林木养分固持、涵养水源等9大功能类别，不同功能类别对应生态效益量化补偿、自然资源负债表等10大价值实现路径，不同功能对应不同价值实现路径有较强、中等和较弱3个级别。森林生态产品价值化实现路径可分为就地实现和迁地实现。就地实现为在生态系统服务产生区域内完成价值化实现，例如，固碳释氧、净化大气环境等生态功能价值化实现；迁地实现为在生态系统服务产生区域之外完成价值化实现，例如，大江大河上游森林生态系统涵养水源功能的价值化实现需要在中、下游予以体现。

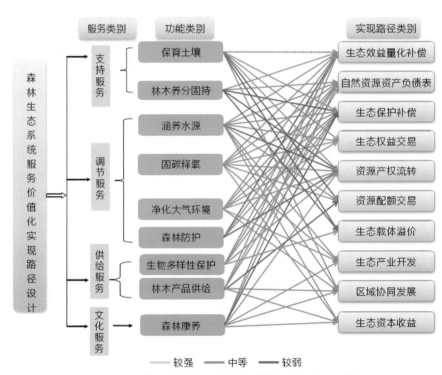

图 5-6　森林生态产品价值实现路径设计（王兵等，2020）

四、湖南省森林生态产品价值实现途径

为实现多样化的生态产品价值，需要建立多样化的生态产品价值实现途径。加快促进生态产品价值实现，需遵循"界定产权、科学计价、更好地实现与增加生态价值"的思路，有针对性地采取措施，更多运用经济手段最大程度地实现生态产品价值，促进环境保护与生态改善。本研究从生态文明建设角度出发，从湖南省实际情况，主要从生态保护补偿、生态权益交易、生态产业开发、区域协同发展和生态资本收益5个生态产品价值实现的模式路径阐述实现湖南省森林生态产品价值。

1. 生态保护补偿实现途径

森林生态效益科学量化补偿是基于人类发展指数的多功能定量化补偿，结合了森林生态系统服务和人类福祉的其他相关关系，并符合不同行政单元财政支付能力的一种给予森林生态系统服务提供者的奖励。探索开展生态产品价值计量，推动横向生态补偿逐步由单一生态要素向多生态要素转变，丰富生态补偿方式，加快探索"绿水青山就是金山银山"的多种现实转化路径。公共性生态产品生产者的权利通过使公共性生态产品的价值实现而实现，才能够保障与社会所需要的公共性生态产品的供给量。该路径应由政府主导，以市场为主体，多元参与，充分发挥财政与金融资本的协同效应。2016年，国务院办公厅印发《关于健全生态保护补偿机制的意见》，指出实施生态保护补偿是调动各方积极性、保护好生态环境的重要手段，是生态文明制度建设的重要内容，强调要牢固树立创新、协调、绿色、开放、共享的发展理念，不断完善转移支付制度，探索建立多元化生态保护补偿机制，逐步扩大补偿范围，合理提高补偿标准，有效调动全社会参与生态环境保护的积极性，促进生态文明建设迈上新台阶。2018年12月，国家多部门联合发布《建立市场化、多元化生态保护补偿机制行动计划》；2021年9月中共中央办公厅、国务院办公厅印发《关于深化生态保护补偿制度改革的意见》，指出生态保护补偿制度作为生态文明制度的重要组成部分，是落实生态保护权责、调动各方参与生态保护积极性、推进生态文明建设的重要手段。这都为生态补偿方式实现生态产品价值提供了参考。内蒙古大兴安岭林区森林生态系统服务功能评估利用人类发展指数，从森林生态效益多功能定量化补偿方面进行了研究，计算得出森林生态效益定量化补偿系数、财政相对能力补偿指数、补偿总量及补偿额度，得出森林生态效益多功能生态效益补偿额度为232.80元/(公顷·年)，为政策性补偿额度(平均每年每公顷75元)的3倍(王兵等，2020)。

上述典型案例均为湖南省森林生态产品的保护补偿提供了借鉴，湖南省2018年森林生态产品产生的总价值量为9815.64万元，如此普惠的生态产品，政府对其进行生态补偿，额度为32.71亿元/年，这仅相当于2018年湖南省财政收入的1.90%，这部分属于纵向生态补偿，补偿资金可由中央、省级和地方三级财政承担，《全国重要生态系统保护和修复重大工程总体规划(2021—2035年)》也指出按照中央和地方财政事权和支出责任划分，将全国重要生态系统保护和修复重大工程作为各级财政的重点支持领域，进一步明确支出责任，切实加大资金投入力度。可见，生态补偿具有较强的可行性。

2. 生态权益交易实现途径

生态权益交易是公共性生态产品在满足特定条件成为生态商品后直接通过市场化机制方式实现价值的唯一模式，主要包括碳排放权、取水权、排污权、用能权等产权交易体系(黎元生，2018)。在某种意义上，生态权属交易可以被视为一种"市场创造"，而且是一种大尺度的"市场创造"，对于全球生态系统动态平衡的维持，能起到很多政府干预或控制所

不能起到的作用（张林波等，2019）。关于生态服务付费在国内外的相关案例较多，如法国毕雷矿泉水公司为保持水质向上游水源涵养区农牧民支付生态保护费用。在污染排放权益方面，在美国进行了水污染排污权的交易，重庆市、福建省南平市还搭建了相关生态产品的交易平台。

生态服务付费的价值实现途径以森林绿色水库功能为例，湖南省 2018 年森林涵养水源量达 370.78 亿立方米/年，是沅江、湘江、资江、澧水以及洞庭湖等重要水系的流经区域，湖南省森林生态系统发挥着重要的涵养水源和净化水质的作用；这些流域下游地区应湖南省森林生态系统发挥的净化水质功能而用到清洁的水而付费，因为这些流域水系水质弱受到污染，将直接影响下游用水安全。正是湖南省森林生态系统净化水质的功能，保证了下游用水的安全；下游地区应为相关流域流经区域森林支付净化水质费用。按照环境污染税法，结合水污染当量值为每立方米 0.68 元，按此计算湖南省 370.78 亿立方米的净化水质量，可得到 252.13 亿元的收益。污染排放交易体现在森林生态系统的固碳功能、净化大气环境等功能方面；湖南省森林年固碳量为 2637.78 万吨，若进行碳排放权交易，按照 2021 年中国碳交易配额市场价格 52.78 元/吨，可实现 13.92 亿元的价值收益；在水权交易方面，根据中国水权交易所 2019 年交易案例的平均交易价格为 0.60 元/立方米，按此计算可实现 222.47 亿元收益；排污权交易：以森林生态系统吸收污染物为例，湖南省 2018 年森林生态系统年吸收气体污染物总量为 178.09 万吨，按照环境保护税法的征收额，湖南省的大气污染征收标准是每个当量 1.2 元，按此计算将排污权交易给有关工厂，理想的收益将会达到 45.07 亿元。

3. 生态产业开发实现途径

生态产业开发是生态资源作为生产要素投入经济生产活动的生态产业化过程，是市场化程度最高的生态产品价值实现方式。生态产业开发的关键是如何认识和发现生态资源的独特经济价值，如何开发经营品牌提高产品的"生态"溢价率和附加值。生态产业开发模式可以根据经营性生态产品的类别相应地分为物质原料开发和精神文化产品两类。

生态资源同其他资源一样是经济发展的重要基础，充分依托优势生态资源，将其转为经济发展的动力是国内外生态产品价值实现的重要途径。瑞士通过大力发展生态经济，把过去制约经济发展的山地变成经济腾飞的资源，探寻出一条山地生态与乡村旅游可持续发展之路；旅游注重将本土文化、历史遗迹与自然景观有机结合，打造特色旅游文化品牌，吸引不同文化层次的游客，使旅游业收入约占 GDP 的 6.2%。再如五大连池通过发挥森林资源优势，通过旅游增加旅游设施，规划不同旅游景观，增加游客流量，实现了价值的翻倍增长，甚至吸引了大量外国游客。贵州省充分发挥气候凉爽和环境质量优良的优势，2017 年贵州省旅游业增加值占 GDP 比重升至 11%，且连续 7 年 GDP 增速排名全国前三位。

上述成功案例为湖南省生态产业开发实现途径提供了可借鉴的方式。湖南省 2018 年森林康养价值为1097亿元，占湖南省2018年旅游总收入（8355.70亿元）的13.13%（湖南省统计局，2019）。结合湖南省森林资源的发展与保护现状，政府应积极鼓励多种资源的整合和开发利用，以实现生态产品的价值转化。因此，应积极鼓励多种森林旅游资源的整合和开发利用，与主管旅游行业部门进行协商，提出建设规划，以实现旅游产品的价值转化。可以通过如下途径实现：建设旅游观光园，大力发展林下经济，进行森林药材种植、森林食品种植。也可以利用森林资源，建设多种形式的森林生态体验示范场所，大力开展森林生态体验活动，充分发挥森林生态综合效能。建立科普宣教馆、种质资源展览馆、情景式体验馆、绿色食品体验馆、禅茶文化体验基地、特色树种体验、人文历史体验、空气负离子呼吸等旅游项目作为森林生态产业开发的主要方向。

4. 区域协同发展实现途径

区域协同发展是有效实现重点生态功能区主体功能定位的重要模式，是发挥中国特色社会主义制度优势的发力点。区域协同发展可以分为在生态产品受益区域合作开发的异地协同开发和在生态产品供给地区合作开发的本地协同开发两种模式。

浙江金华—磐安共建产业园、四川成都—阿坝协作共建工业园均是在水资源生态产品的下游受益区建立共享产业园，这种异地协同发展模式不仅保障了上游水资源生态产品的持续供给，同时为上游地区提供了资金和财政收入，有效地减少了上游地区土地开发强度和人口规模，实现了上游重点生态功能区定位。金华市生态环境局义乌分局与浦江分局签定了《义乌—浦江生态环境保护战略合作备忘录》，进一步夯实了"义浦同城"一体化的生态环境保护基础，迈出了深化协调联动、创新一体发展的新步子。

湖南省要实现本地协同开发生态产品，需引进本地企业公司和本地资本，让本地的优秀企业参与到湖南省森林生态旅游产品的开发和运作中，以其先进的管理模式进行生态产品价值转化和管理。异地协同开发生态产品，引进外地企业、资本、创新的管理模式和成熟的技术，将外地企业先进的技术和管理模式引入湖南省森林生态产品开发中。对湖南省的现有森林进行林相和树种结构调整，增加旅游设施和基础建设投入；并对员工进行技能培训，提高从业人员的业务素养。根据湖南省自身特点（位置、旅游资源提升空间），并参考湖南省生态建设和旅游规划，尤其是旅游资源管理与开发经验，大力发展自身森林旅游业，通过增加森林旅游资源数量、提升森林旅游资源质量，在长三角都市圈和城市群，吸引更多来自全国的游客。目前，湖南省尚有宜林地96.72万公顷和未成林地28.84万公顷，可以通过造林的方式增加旅游资源，届时森林康养价值还会进一步增加。

与此同时，充分发挥国家森林生态定位站作用，联合高等院校和研究院所，依托科技优势，协同对森林生态系统生态功能的影响进行评估，用详实的数据量化湖南省森林生态产品价值。结合森林康养、观光农业等新型产业，创新森林产品的销售渠道，持续提升森林价值，真正将"绿水青山变成金山银山"，不断满足人民群众日益增长的生态康养需求。

5. 生态资本收益实现途径

生态资本收益模式中的绿色金融扶持是利用绿色信贷、绿色债券、绿色保险等金融手段鼓励生态产品生产供给。生态保护补偿、生态权属交易、经营开发利用、生态资本收益等生态产品价值实现路径都离不开金融业的资金支持，即离不开绿色金融，可以说绿色金融是所有生态产品生产供给及其价值实现的支持手段（张林波等，2019）。但绿色金融发展，需要加强法制建设以及政府主导干预，才能充分发挥绿色金融政策在生态产品生产供给及其价值实现中的信号和投资引导作用。

我国国家储备林建设以及福建省、浙江省、内蒙古自治区等地的一些做法为解决绿色金融扶持促进生态产品的制约难点提供了一些借鉴和经验。国家林业和草原局开展的国家储备林建设通过精确测算储备林建设未来可能获取的经济收益，解决了多元融资还款的来源。福建三明创新推出"福林贷"金融产品，通过组织成立林业专业合作社以林权内部流转解决了贷款抵押难题。福建顺昌依托县国有林场成立"顺昌县林木收储中心"为林农林权抵押贷款提供兜底担保。浙江丽水"林权IC卡"采用"信用＋林权抵押"的模式实现了以林权为抵押物的突破。2016年，七部委又出台了《关于构建绿色金融体系的指导意见》等，为绿色金融的发展提供了良好的政策基础。

对湖南省森林引入社会资本和专业运营商具体管理，打通资源变资产，资产变资本的通道，提高资源价值和生态产品的供给能力，促进生态产品价值向经济发展优势的转化。实现湖南省森林生态产品价值可通过如下方式：

一是政府主导，设计和建立"森林生态银行"运行机制，由湖南省林业局控股，各地级市林业局参股，成立林业资源运营有限公司，注册一定资本金（如300万元），作为"森林生态银行"的市场化运营主体。公司下设数据信息管理、资产评估收储等"两中心"和林木经营、托管、金融服务等"三公司"，前者提供数据和技术支撑，后者负责对资源进行收储、托管、经营和提升；同时整合全市森林资源、调查设计队和基层护林队伍等力量，有序开展资源管护、资源评估、改造提升、项目设计、经营开发、林权变更等工作。根据林地分布、森林质量、保护等级、林地权属等因素进行调查摸底，并进行确权登记，明确产权主体、划清产权界线，形成全县林地"一张网、一张图、一个库"数据库管理。通过核心编码对森林资源进行全生命周期的动态监管，实时掌握林木质量、数量及管理情况，实现林业资源数据的集中管理与服务。通过评估和价值核算，编制其森林资源资产负债表，确定森林资源底数，赋予产品价值属性。

二是推进森林资源流转，实现资源资产化。在平等自愿和不改变林地所有权的前提下，将碎片化的森林资源经营权和使用权集中流转至"森林生态银行"，由后者通过科学抚育、集约经营、发展林下经济等措施，实施集中储备和规模整治，转换成权属清晰、集中连片的优质"资产包"。为保障湖南省利益和个性化需求，"森林生态银行"共推出入股、托管、租赁、赎买 4 种流转方式。同时，"森林生态银行"可与某担保公司共同成立林业融资担保公司，为有融资需求的林业企业、集体提供林权抵押担保服务，担保后的贷款利率要低于一般项目的利率，通过市场化融资和专业化运营，解决森林资源流转和收储过程中的资金需求。

随着我国对生态产品的认识理解不断深入，对生态产品的措施要求更加深入具体，逐步由一个概念理念转化为可实施操作的行动，由最初国土空间优化的一个要素逐渐演变成为生态文明的核心理论基石。伟大的理论需要丰富鲜活的实践支撑，生态产品及其价值实现理念为习近平生态文明思想提供了物质载体和实践抓手，各个部门、各级政府在实际工作中应将生态产品价值实现作为工作目标、发力点和关键绩效，通过生态产品价值实现将习近平生态文明思想从战略部署转化为具体行动。

第五节 湖南省森林生态系统服务功能评估前景与展望

一、新常态下湖南省森林生态系统服务功能评估的机遇

习近平总书记在党的十九大报告中指出："中国特色社会主义进入新时代，我国社会主要矛盾已经转化为人民日益增长的美好生活需要和不平衡不充分的发展之间的矛盾。"我国稳定解决了十几亿人的温饱问题，总体上实现小康，不久将全面建成小康社会，人民美好生活需要日益广泛，不仅对物质文化生活提出了更高要求，而且在民主、法治、公平、正义、安全、环境等方面的要求日益增长。同时，我国社会生产力水平总体上显著提高，社会生产能力在很多方面进入世界前列，更加突出的问题是发展不平衡不充分，这已经成为满足人民日益增长的美好生活需要的主要制约因素。必须认识到，我国社会主要矛盾的变化是关系全局的历史性变化，对党和国家工作提出了许多新要求。我们要在继续推动发展的基础上，着力解决好发展不平衡不充分问题，大力提升发展质量和效益，更好满足人民在经济、政治、文化、社会、生态等方面日益增长的需要，更好地推动人的全面发展、社会全面进步。

中共湖南省委省人民政府印发了《绿化湖南建设纲要》（湘发〔2012〕9 号），明确提出了加强森林生态系统建设与保护，大力推进林业生态工程建设，提升湖南青山、绿水的优势，增强资源环境承载力和生态容量，建立完善的生态效益补偿机制，实现可持续发展。《湖南"十四五"规划和 2035 年远景目标纲要》也明确指出要推进森林建设，始终坚持生态优先、绿色发展，着力打好污染防治攻坚战，形成建设美丽湖南的行动自觉；到 2035 年，基本建成生态强省，基本实现富饶美丽幸福新湖南美好愿景；基本建成"三高四新"，进入创新型省份前列；生态环境根本好转，绿色生产生活方式广泛形成，人与自然和谐共生。通过此次湖南省森林生态系统服务功能的评估，获取湖南省森林生态系统长期的生态功能参数，量化

了湖南省的"绿水青山"价值多少"金山银山"，为湖南省生态建设文明提供数据支持。坚持生态优先、环保优先，强化环境宏观政策源头管控，建立环境预防体系，着力推进供给侧结构性改革，进一步强化空间、环评、准入三条红线对开发布局、建设规模和产业转型升级的硬约束，加强宣传教育，积极促进经济结构调整和升级，提高经济发展的生态效率，促进形成人与自然和谐相处的绿色发展格局。

二、提升湖南省森林生态系统服务功能评估的建议和措施

（一）加强生态功能监测与评估区划布局

基于生态功能区评估森林生态效益，能够准确地反映生态功能区内主导生态因子决定的优势生态功能，使得生态效益评估的结果更接近于实际。然而，目前森林生态效益专项监测站点的分布格局以及数量，明显不能满足实现森林生态效益评估体系。随着森林生态效益监测站点的增多，可获得的实测数据越来越多，森林生态效益评估结果的精确性也将越来越高。湖南省森林生态功能监测网络的建立，将对湖南的森林生态系统进行长期、系统的定位观测和科学研究，揭示森林生态系统的结构和功能及其与环境之间的关系，监测人类活动对生态系统的冲击与调控，建立森林生态系统动态评价和预警体系，为自然资源保护与合理利用、社会经济发展以及环境建设提供理论基础，为建设森林湖南，实施林业三大体系及六大重点生态工程建设提供科学依据。为此系统规划布局、加强湖南省生态站网建设具有重大的科学意义和战略意义，为评估湖南省生态效益奠定基础，也将会为相关政策的制定和精准管理提供更好的服务。

（二）加强生态效益监测站点建设，提高评估结果准确性

习总书记生态文明思想和"两山"理论日益深入人心，"碳中和、碳达峰"已成为国家战略，森林产生的生态产品和增汇作用日益受到重视，全国正在实施的生态空间规划以及湖南省相关林业生态工程的范围还在不断扩大；同时，中共湖南省委办公厅湖南省人民政府办公厅印发《关于全面推行林长制的实施意见》的通知（湘办〔2021〕20号），明确指出要加强森林草原资源生态保护、加强森林草原资源生态修复，这些要求的实施离不开森林生态效益的精准评估。考虑到湖南省地域的差异性，区域水热条件不同，需要进一步加强森林生态监测站的建设。选择具有代表性、重要性、典型性的区域，依据国家标准《森林生态系统长期定位研究站建设规范》（GB/T 40053—2021）的具体要求建设生态监测站，获得越来越多的实测数据，一切按标准进行，使得到结果更加科学性、合理性；能够保证湖南省生态效益监测评估的顺利开展，提升湖南省森林生态效益监测、提高评估结果精准性。

（三）加大政府对林草建设的投入，扶持林草产业发展

森林不仅发挥着涵养水源、固碳释氧、净化大气和保育土壤的作用，还承担着野生动植物保护、沙漠化的治理功能。森林是优势十分重要的自然资源，也是人类生存发展的基础性

资源，由于林业属于公益事业，政府应加大对林业建设的投入，支持林业服务体系建设、森林资源连续清查、森林资源规划调查等，保障公益性事业支出正常增长，加大林业基础设施投入，改善林区发展环境。衡阳市、岳阳市、湘潭市和长沙市是湖南省工业的重要基地，也是湖南省经济最活跃的地区之一，地方财政收入较好。但显著经济效益的取得从某种程度上来说是用较大环境代价换来的，因此政府部门应加大当地生态环境治理和管理资金的投入。

三、湖南省森林生态系统服务功能评估的应用前景

（一）为全国碳中和战略贡献湖南力量

2009年，基于第七次全国森林资源清查数据的森林生态系统服务功能评估结果公布。全国森林生态系统生态服务价值量为10.01万亿元/年；2021年3月12日，国家林业和草原局、国家统计局联合组织发布了"中国森林资源核算"最新成果（第九次森林资源清查），全国森林生态系统服务价值为15.88万亿元/年，较第七次森林资源清查期间增长了58.64%；并首次提出中国森林"全口径碳汇"这一全新理念，公布了我国森林全口径碳汇量为每年4.34亿吨碳当量，相当于中和了2020年全国碳排放量的15.91%，森林生态系统碳汇能力对我国二氧化碳排放力争2030年前达到峰值、2060年前实现碳中和起到了十分重要作用。

湖南省运用森林生态系统续观测与清查体系，以国家和省森林资源调查数据为基础，以森林生态连清数据、国家权威部门发布的公共数据和国家标准《森林生态系统服务功能评估规范》（GB/T 38582—2020）为依据，采用分布式测算方法，从森林生态系统服务功能的支持服务、调节服务、供给服务、文化服务四大服务类别，保育土壤、林木养分固持、涵养水源、固碳释氧、净化大气环境等9个功能类别，科学系统地评估测算出全省森林生态系统服务功能的价值量为9815.64亿元/年，较第七次国家森林资源清查期间全省森林生态系统服务价值4844.73亿元/年增加了一倍。其中，全省森林生态系统固碳物质量达到2637.78万吨/年，依据《湖南省统计年鉴（2018）》中湖南省能源的消耗总量为11058万吨标准煤，通过碳排放转换系数（国家发展与改革委员会能源所，2003），全省森林生态系统固碳量相当于中和2018年全省碳排放量的31.08%，彰显了森林生态系统良好的碳汇功能。随着"十三五"森林质量精准提升、生态廊道建设、天然林保护等林业生态修复与保护工程的实施，可以预计全省森林生态系统服务功能价值量已经突破万亿元/年，可望成为全国第五个进入森林生态系统服务价值"万亿元"的省份。湖南省的森林生态系统将成为全国碳减排中的重要中坚力量。

（二）为湖南省今后的森林生态系统服务功能评估指明了方向

目前，湖南省已经利用《森林生态系统服务功能评估规范》（GB/T 38582—2020）开展了全省省级以上公益林、长株潭城市群绿心区等森林生态系统服务功能监测评价，为其生态服务功能提升提供了数据支撑；下一步还可用此评估规范对重要山脉（武陵山、雪峰山等）与

重要区域的森林生态系统服务功能，公益林、天然林、退耕还林等国家重点林业生态工程实施成效进行研究评价，掌握他们在"水库""碳库""滞尘库"和"基因库"等生态系统四大服务功能中，特别是在碳中和功能中的实际贡献，为科学估算"绿水青山价值多少金山银山"，促进全省林草行业高质量发展奠定基础，为推动制定生态产品价值核算规范，建立生态产品价值评价体系，实现生态产品价值核算标准化，建立健全生态产品价值实现机制与途径提供样板与经验。

（三）为生态效益定量化补偿和生态 GDP 核算体系的建立提供依据

湖南省森林生态系统服务功能评估有助于生态补偿制度的实施和利益分配的公平性。坚持谁受益、谁补偿原则，完善对重点生态功能区的生态补偿机制，推动地区间建立横向生态补偿制度。根据"谁受益，谁补偿，谁破坏，谁恢复"的原则，湖南省森林生态系统所提供服务较高的地区应该提高生态补偿的力度，以维护公平的利益分配和保护者应有的权益，这样做不仅有利于促进生态保护和生态恢复，而且有利于区域经济的协调发展和贫困问题的解决。通过湖南省森林生态系统服务功能评估可以反映不同植被类型、不同林种类型服务功能的差异，从而为生态效益定量化补偿提供了依据。另外，应积极地将森林生态效益纳入地方 GDP 核算体系，客观公正地评价森林生态系统服务为该地区经济发展和人民生活水平提高所做出的贡献，准确地反映出生态系统的变化与经济发展对生态效益的影响，全面地凸显林业对地区和国家可持续发展的支撑力，为国家制定生态系统和经济社会可持续发展政策提供重要的科学依据和理论支撑。

（四）为森林可持续经营提供依据

通过此次评估得出，湖南省生物多样性保护功能的价值量最大，其次是涵养水源和森林康养功能，固碳释氧和净化大气环境功能相对其他省份较低。这充分体现了湖南省森林的特点，也说明要需要提升净化大气环境功能，改变现有树种结构；同时，要结合树种吸收气体污染物能力的动态变化情况，根据树种吸收气体污染物能力高低，筛选出湖南省适宜树种，确定吸收气体污染物能力强的优势树种组合，针对性地挑选易于污染物能力强的植被类型。从不同区域可加强森林培育、做好本地区的可持续经营：湘江流域要切实保护好现有的森林植被，加大封山育林和退耕还林力度，提高森林覆盖率；调整林种、树种结构，增加混交林和防护林比重，提高森林防护效能；大力营造水源涵养林、薪炭林。资水流域以建设生态公益林为中心，大力保护天然林资源，积极营造水土保持林、水源涵养林、薪炭林。沅水流域要大力改造坡耕地，25°以下的进行坡改梯，建设果园林及经济林地，25°以上的全部退耕还林还草；调整林种结构，营造水土保持林，水源涵养林，全面封山育林，禁伐天然林。澧水流域要加大封山育林和退耕还林力度，发展水源涵养林、用材林和经济林、薪炭林，减少地表径流，防止崩塌、崩岗、泥石流等自然灾害。洞庭湖区加强湿地生态系统及生物多样性的保护，大力营造防浪防堤林和水土保持林。

参考文献

"中国森林资源核算研究"项目组",2015.生态文明制度构建中的中国森林资源核算研究 [M].北京:中国林业出版社.

彭佳红,胡长清,王华,等,2016.湖南省生态公益林服务功能价值评价与补偿机制研究 [M].长沙:湖南科学技术出版社.

罗佳,周小玲,田育新,等,2019.长沙市不同污染程度区域桂花和香樟叶表面 $PM_{2.5}$ 吸附量及其影响因素 [J].应用生态学报,30(2):503-510.

国家发展和改革委员会能源研究所,2003.中国可持续发展能源暨碳排放情景分析 [R].

国家林业和草原局,2020.森林生态系统服务功能评估规范(GB/T 38582—2020)[S].北京:中国标准出版社.

国家林业和草原局,2019.2017 退耕还林工程综合效益监测国家报告 [M].北京:中国林业出版社.

国家林业局,2016.森林生态系统长期定位观测方法(GB/T 33027—2016)[S].北京:中国标准出版社.

国家林业局,2017.森林生态系统定位观测指标体系(GB/T 35377—2017)[S].北京:中国标准出版社.

国家林业局,2003.森林生态系统定位观测指标体系(LY/T 1606—2003)[S].北京:中国标准出版社.

国家林业局,2005.森林生态系统定位研究站建设技术要求(LY/T 1626—2005)[R].北京:中国标准出版社.

国家林业局,2008.森林生态系统服务功能评估规范(LY/T 1721—2008)[S].北京:中国标准出版社.

国家林业局,2010.森林生态系统定位研究站数据管理规范(LY/T 1872—2010)[S].北京:中国标准出版社.

国家林业局,2010.森林生态站数字化建设技术规范(LY/T 1873—2010)[S].北京:中国标准出版社.

国家林业局,2011.森林生态系统长期定位观测方法(LY/T 1952—2011)[S].北京:中国标准出版社.

国家林业局，2014. 退耕还林工程生态效益监测国家报告(2013) [M]. 北京：中国林业出版社.

国家林业局，2015. 退耕还林工程生态效益监测国家报告(2014) [M]. 北京：中国林业出版社.

国家林业局，2016. 退耕还林工程生态效益监测国家报告(2015) [M]. 北京：中国林业出版社.

国家林业局，2018. 退耕还林工程生态效益监测国家报告(2016) [M]. 北京：中国林业出版社.

国家林业局，2018. 中国森林资源及其生态功能四十年监测与评估 [M]. 北京：中国林业出版社.

湖南省生态环境厅，2019. 2018 年湖南省环境质量状况公报 [R].

湖南省水利厅，2016. 湖南省水利普查公报 2015[R].

湖南省水利厅，2018. 2017 年湖南省水资源公报 [R].

湖南省水利厅，2019. 2018 年湖南省水利发展统计公报 [R].

湖南省水利，2019. 2018 年湖南省水资源公报 [R].

湖南省统计局，国家统计局济南调查队，2019. 湖南统计年鉴 2018 [M]. 北京：中国统计出版社.

湖南省统计局，国家统计局济南调查队，2020. 湖南统计年鉴 2019 [M]. 北京：中国统计出版社.

湖南省统计局，2019. 湖南省 2018 年国民经济和社会发展统计公报 [R].

李景全，牛香，曲国庆，等，2017. 山东省济南市森林与湿地生态系统服务功能研究 [M]. 北京：中国林业出版社.

李晓阁，2005. 城市森林净化大气功能分析及评价 [D]. 长沙：中南林学院.

袁在翔，2017. 南京紫金山 2 种典型林分土壤碳库与养分特征 [D]. 南京：南京林业大学.

环境保护部，2011. 中国生物多样性保护战略与行动计划 [M]. 北京：中国环境科学出版社.

段雅茹，2018. 基于 SOFM 模型的湖南省水土流失重点防治区划分研究 [D]. 北京：北京林业大学.

陈国阶，何锦峰，涂建军，2005. 长江上游生态服务功能区域差异研究 [J]. 山地学报（04）：4406-4412.

楚芳芳，2017. 湖南省森林资源演变态势分析 [J]. 山西建筑，43（29）：178-179.

黄玫，季劲钧，曹明奎，等，2006. 中国区域植被地上与地下生物量模拟 [J]. 生态学报（12）：4156-4163.

刘曦乔，梁萌杰，陈龙池，等，2017. 湖南省森林生态系统碳储量、碳密度及其空间分布 [J]. 生态学杂志，36（09）：2385-2393.

唐丽霞，谢宝元，孙婧，等，2008. 湖南省森林资源动态变化趋势的系统动力学分析 [J]. 林业资源管理（06）：40-44.

王培娟，谢东辉，张佳华，2008. 长白山森林植被 NPP 主要影响因子的敏感性分析 [J]. 地理研究（02）：323-331.

夏栗，张慧，李科，2017.湖南省森林植被碳储量及其空间格局特征 [J].湖南林业科技，44（03）：1-7.

罗佳，周小玲，田育新，等，2019.油茶低产林养分需求和时间配置动态变化研究 [J].生态学报，39（6），1945-1953.

罗佳，田育新，周小玲，等，2019.武陵山区小流域 4 种植被类型土壤水分动态变化 [J].中南林业科技大学学报，39（3），76-81，98.

牛香，胡天华，王兵，等，2017.宁夏贺兰山国家级自然保护区森林生态系统服务功能评估 [M].北京：中国林业出版社．

牛香，薛恩东，王兵，等，2017.森林治污减霾功能研究——以北京市和陕西关中地区为例 [M].北京：科学出版社．

牛香，2012.森林生态效益分布式测算及其定量化补偿研究——以广东和辽宁省为例 [D].北京：北京林业大学．

潘金生，张红蕾，黄龙生，等，2019.内蒙古呼伦贝尔市森林生态系统服务功能及价值研究 [M].北京：中国林业出版社．

潘勇军，2013.基于生态 GDP 核算的生态文明评价体系构建 [D].北京：中国林业科学研究院．

邱媛，管东生，宋巍巍，等，2008.惠州城市植被的滞尘效应 [J].生态学报，28（6）：2455-2462.

任军，宋庆丰，山广茂，等，2016.吉林省森林生态连清与生态系统服务研究 [M].北京：中国林业出版社．

宋庆丰，2015.中国近 40 年森林资源变迁动态对生态功能的影响研究 [D].北京：中国林业科学研究院．

孙建博，周霄羽，王兵，等，山东省淄博市原山林场森林生态系统服务功能及价值研究 [M].北京：中国林业出版社．

孙托焕，李振龙，孙向宁，等，2019.山西省直国有林森林生态系统服务功能研究 [M].北京：中国林业出版社．

王兵，陈佰山，闫宏光，等，2020.内蒙古大兴安岭重点国有林管理局森林与湿地生态系统服务功能研究与价值评估 [M].北京：中国林业出版社．

王兵，迟功德，董泽生，等，2020.辽宁省森林、湿地、草地生态系统服务功能评估 [M].北京：中国林业出版社．

王兵，王晓燕，牛香，等，2015.北京市常见落叶树种叶片滞纳空气颗粒物功能 [J].环境科学，36（6）：2005-2009.

王兵，2015.森林生态连清技术体系构建与应用 [J].北京林业大学学报，37：1-8.

王兵，2016. 生态连清理论在森林生态系统服务功能评估中的实践 [J]. 中国水土保持科学，14（1）：1-10.

柴一新，祝宁，韩焕金，2002. 城市绿化树种的滞尘效应——以哈尔滨为例 [J]. 应用生态学报，13（9）：1121-1126.

丁杨，2015. 东北三省退耕还林工程生态效益评价 [D]. 北京：北京林业大学.

董秀凯，管清成，徐丽娜，等，2017. 吉林省白石山林业局森林生态系统服务研究 [M]. 北京：中国林业出版社.

樊兰英，孙拖焕，2017. 山西省油松人工林的生产力及经营潜力 [J]. 水土保持通报，37（5）：176-181.

夏尚光，牛香，苏守香，等，2016. 安徽省森林生态连清与生态系统服务研究 [M]. 北京：中国林业出版社.

谢高地，鲁春霞，冷允法，等，2003. 青藏高原生态资产的价值评估 [J]. 自然资源学报，18（2）：189-196.

徐昭晖，2004. 安徽省主要森林旅游区空气负离子资源研究 [D]. 合肥：安徽农业大学.

杨凤萍，2013. 基层水利事业单位固定资产管理探讨 [J]. 山西水土保持科技（1）：32-33.

张维康，2016. 北京市主要树种滞纳空气颗粒物功能研究 [D]. 北京：北京林业大学.

中国国家标准化管理委员会，2008. 综合能耗计算通则（GB 2589—2008）[S]. 北京：中国标准出版社.

中国国家标准化管理委员会，2016. 森林生态系统长期定位观测方法（GB/T 33027—2016）[S]. 北京：中国标准出版社.

中国国家标准化管理委员会，2017. 森林生态系统长期定位观测指标体系（GB 33027—2017）[S]. 北京：中国标准出版社.

中国森林生态服务功能评估项目组，2010. 中国森林生态服务功能评估 [M]. 北京：中国林业出版社.

Christoforou C S, Salmon L G, Hannigan M P, et al, 2000. Trends in fine particle concentration and chemical composition in southern California[J]. Journal of the Air and Waste Management Association, 50（1）：43-53.

Fang J Y, Chen A P, Peng C H, et al, 2001. Changes in forest biomass carbon storage in China between 1949 and 1998[J]. Science, 292: 2320-2322.

IPCC, 2003. Good practice guidance for land-Use, land-Use change and forestry[R]. The Institute for Global Environmental Strategies（IGES）.

Niu X, Wang B, Liu S R, 2012. Economical assessment of forest ecosystem services in China: Characteristics and Implications[J]. Ecological Complexity, 11:1-11.

Niu X，Wang B，Wei W J，2013. Chinese forest ecosystem research network: A Platform for observing and studying sustainable forestry[J]. Journal of Food，Argriculture & Environment，11（2）:1232-1238.

Luo J，Zhou X L，Matteo R，et al，2020. Impact of multiple vegetation covers on surface runoff and sediment yield in the small basin of Nverzhai, Hunan Province, China[J]. Forests, 11（3）: 329; doi:10.3390/f11030329.

Luo J，Niu Y D，ZhangY，et al，2020. Dynamic analysis of retention PM$_{2.5}$ by plant leaves in rainfall weather conditions of six tree species[J]. Energy Sources，Part A: Recovery，Utilization，and Environmental Effects，42（8），1014-1025.

Tallis M，Taylor G，Sinnett D，et al，2011. Estimating the removal of atmospheric particulate pollution by the urban tree canopy of London，under current and future environments[J]. Landscape and Urban Planning，103（2）:129-138.

名词术语

生态文明

生态文明是指人类遵循人与自然、与社会和谐协调，共同发展的客观规律而获得的物质文明与精神文明成果，是人类物质生产与精神生产高度发展的结晶，是自然生态和人文生态和谐统一的文明形态。

生态系统功能

生态系统的自然过程和组分直接或间接地提供产品和服务的能力，包括生态系统服务功能和非生态系统服务功能。

生态系统服务

生态系统中可以直接或间接地为人类提供的各种惠益，生态系统服务建立在生态系统功能的基础之上。

森林生态效益定量化补偿

政府根据森林生态效益的大小对生态系统服务提供者给予的补偿。

森林生态系统服务全指标体系连续观测与清查

森林生态系统服务全指标体系连续观测与清查（简称"森林生态连清"）是以生态地理区划为单位，以国家现有森林生态站为依托，采用长期定位观测技术和分布式测算方法，定期对同一森林生态系统服务进行重复的全指标体系观测与清查，它与国家森林资源连续清查耦合，用以评价一定时期内森林生态系统的服务，以及进一步了解森林生态系统的动态变化。这是生态文明建设赋予林业行业的最新使命和职能，同时可为国家生态建设发挥重要支撑作用。

森林生态功能修正系数（FEF-CC）

基于森林生物量决定林分的生态质量这一生态学原理，森林生态功能修正系数是指评估林分生物量和实测林分生物量的比值。反映森林生态服务评估区域森林的生态质量状况，还可以通过森林生态功能的变化修正森林生态系统服务的变化。

贴现率

又称门槛比率，指用于把未来现金收益折合成现在收益的比率。

绿色 GDP

在现行 GDP 核算的基础上扣除资源消耗价值和环境退化价值。

生态 GDP

在现行 GDP 核算的基础上，减去资源消耗价值和环境退化价值，加上生态系统的生态效益，也就是在绿色 GDP 核算体系的基础上加入生态系统的生态效益。

雾霾

"雾霾"是对"雾"和"霾"两种天气情况的合称，常发生在高污染环境条件下。"雾"是大气中悬浮的水滴或冰晶的集合体，"雾"出现时，能见度小于 1000 米。"霾"是均匀悬浮于大气中的极细微干尘粒，能令空气混浊，能见度小于 10 千米。由于"雾"和"霾"在特定的气象条件下会相互转化，且通常交替出现，"雾霾"渐渐成为一个常用词汇。雾霾形成与空气中粒径较小的细粒子（PM_{10}、$PM_{2.5}$）有直接关系。

附　表

表1　IPCC 推荐使用的木材密度（*D*）

吨干物质/立方米鲜材积

气候带	树种组	*D*	气候带	树种组	*D*
北方生物带、温带	冷杉	0.40	热带	陆均松	0.46
	云杉	0.40		鸡毛松	0.46
	铁杉柏木	0.42		加勒比松	0.48
	落叶松	0.49		楠木	0.64
	其他松类	0.41		花榈木	0.67
	胡桃	0.53		桃花心木	0.51
	栎类	0.58		橡胶	0.53
	桦木	0.51		楝树	0.58
	槭树	0.52		椿树	0.43
	樱桃	0.49		柠檬桉	0.64
	其他硬阔类	0.53		木麻黄	0.83
	椴树	0.43		含笑	0.43
	杨树	0.35		杜英	0.40
	柳树	0.45		猴欢喜	0.53
	其他软阔类	0.41		银合欢	0.64

注：引自 IPCC（2003）；木材密度＝干物质重复/鲜材积。

表2　IPCC 推荐使用的生物量转换因子（BEF）

编号	a	b	森林类型	R^2	备注
1	0.46	47.50	冷杉、云杉	0.98	针叶树种
2	1.07	10.24	桦木	0.70	阔叶树种
3	0.74	3.24	木麻黄	0.95	阔叶树种
4	0.40	22.54	杉木	0.95	针叶树种
5	0.61	46.15	柏木	0.96	针叶树种
6	1.15	8.55	栎类	0.98	阔叶树种
7	0.89	4.55	桉树	0.80	阔叶树种

（续）

编号	a	b	森林类型	R^2	备注
8	0.61	33.81	落叶松	0.82	针叶树种
9	1.04	8.06	照叶树	0.89	阔叶树种
10	0.81	18.47	针阔混交林	0.99	混交树种
11	0.63	91.00	檫树落叶阔叶混交林	0.86	混交树种
12	0.76	8.31	杂木	0.98	阔叶树种
13	0.59	18.74	华山松	0.91	针叶树种
14	0.52	18.22	红松	0.90	针叶树种
15	0.51	1.05	马尾松、云南松	0.92	针叶树种
16	1.09	2.00	樟子松	0.98	针叶树种
17	0.76	5.09	油松	0.96	针叶树种
18	0.52	33.24	其他松林	0.94	针叶树种
19	0.48	30.60	杨树	0.87	阔叶树种
20	0.42	41.33	铁杉、柳杉、油杉	0.89	针叶树种
21	0.80	0.42	热带雨林	0.87	阔叶树种

注：引自 Fang 等（2001），BEF=a+b/x，a、b 为常数，x 为实测林分的蓄积量。

表3　各树种组单木生物量模型及参数

序号	公式	树种组	建模样本数	模型参数	
				a	b
1	$B/V=a\,(D^2H)^b$	杉木类	50	0.788432	-0.069959
2	$B/V=a\,(D^2H)^b$	马尾松	51	0.343589	0.058413
3	$B/V=a\,(D^2H)^b$	南方阔叶类	54	0.889290	-0.013555
4	$B/V=a\,(D^2H)^b$	红松	23	0.390374	0.017299
5	$B/V=a\,(D^2H)^b$	云冷杉	51	0.844234	-0.060296
6	$B/V=a\,(D^2H)^b$	落叶松	99	1.121615	-0.087122
7	$B/V=a\,(D^2H)^b$	胡桃楸、黄波罗	42	0.920996	-0.064294
8	$B/V=a\,(D^2H)^b$	硬阔叶类	51	0.834279	-0.017832
9	$B/V=a\,(D^2H)^b$	软阔叶类	29	0.471235	0.018332

注：引自李海奎和雷渊才（2010）。

（续）

表4　湖南省森林生态效益评估社会公共数据（推荐使用价格）

编号	名称	单位	数值	来源及依据
1	水资源市场交易价格	元/立方米	6.11	采用湖南省水资源市场交易价格
2	水的净化费用	元/立方米	0.82	根据第十二届全国人大常务委员会通过的《中华人民共和国环境保护税法》水污染物当量值和湖南省人大通过的应税污染物应税额度得到
3	挖取单位面积土方费用	元/立方米	63.00	根据2002年黄河水利出版社出版的《中华人民共和国水利部水利建筑工程预算定额》（上册）中人工挖土方Ⅰ和Ⅱ类土类每100立方米需42个工时，按2018年每个人工150元/天计算
4	磷酸二铵含氮量	%	14.00	化肥产品说明
5	磷酸二铵含磷量	%	15.01	化肥产品说明
6	氯化钾含钾量	%	50.00	化肥产品说明
7	磷酸二铵化肥价格	元/吨	2400	磷酸二铵、氯化钾化肥价格根据中国化肥网（http://www.fert.cn）2018年春季平均价格；有机质价格根据中国农资网（www.ampcn.com）2018年鸡粪有机肥的春季平均价格
8	氯化钾化肥价格	元/吨	2200	
9	有机质价格	元/吨	800	
10	固碳价格	元/吨	25.57	采用2018年中国碳交易市场平均价格
11	制造氧气价格	元/吨	1000	采用2018年湖南省医用氧气的平均价格
12	负离子生产费用	元/10^{18}个	9.16	根据企业生产的适用范围30平方米（房间高3米）、功率为6瓦、负离子浓度1000000个/立方米、使用寿命为10年、价格每个65元的KLD-2000型负离子发生器而推断获得，其中负离子寿命为10分钟，2018年电费为0.65元（千瓦时）
13	二氧化硫治理费用	元/千克	2.53	根据第十二届全国人大常务委员会通过的《中华人民共和国环境保护税法》大气污染物当量值中二氧化硫、氮氧化物和氟化物污染当量值和湖南省人大通过的应税污染物应税额度计算得到
14	氟化物治理费用	元/千克	2.76	
15	氮氧化物治理费用	元/千克	2.53	
16	降尘清理费用	元/千克	0.3	根据第十二届全国人大常务委员会通过的《中华人民共和国环境保护税法》大气污染物当量值中一般性粉尘当量值和湖南省人大通过的应税污染物应税额度得到

编号	名称	单位	数值	来源及依据
17	PM$_{10}$清理费用	元/千克	4.07	根据第十二届全国人大常务委员会通过的《中华人民共和国环境保护税法》大气污染物当量值中炭黑尘污染当量值和湖南省人大通过的应税污染物应税额度得到
18	PM$_{2.5}$清理费用	元/千克	4.07	
19	农作物、牧草价格	元/千克	2.30	农作物、牧草价格根据新农业农资网（www.xnynews.com/quote/list-297.html）2018年平均价格获得
20	生物多样性保护价值	元/(公顷·年)		根据Shannon-Wiener指数计算生物多样性保护价值，即：Shannon-Wiener指数<1时，$S_生$为3000元/(公顷·年)；1≤Shannon-Wiener指数<2，$S_生$为5000元/(公顷·年)；2≤Shannon-Wiener指数<3，$S_生$为10000元/(公顷·年)；3≤Shannon-Wiener指数<4，$S_生$为20000元/(公顷·年)；4≤Shannon-Wiener指数<5，$S_生$为30000元/(公顷·年)；5≤Shannon-Wiener指数<6，$S_生$为40000元/(公顷·年)；指数≥6时，$S_生$为50000元/(公顷·年)

表 5　环境保护税税目税额表

税目		计税单位	税额	备注
大气污染物		每污染当量	1.2~12元	
水污染物		每污染当量	1.4~14元	
固体废物	煤矸石	每吨	5元	
	尾矿	每吨	15元	
	危险废物	每吨	1000元	
	冶炼渣、粉煤灰、炉渣、其他固体废物（含半固态、液态废物）	每吨	25元	
噪声	工业噪声	超标1~3分贝	每月350元	1.一个单位边界上有多处噪声超标，根据最高一处超标声级计算应税额；当沿边界长度超过100米有两处以上噪声超标，按照两个单位计算应纳税额 2.一个单位有不同地点作业场所的，应当分别计算应纳税额，合并计征 3.昼、夜均超标的环境噪声，昼、夜分别计算应纳税额，累计计征 4.声源一个月内超标不足15天的，减半计算应纳税额 5.夜间频繁突发和夜间偶然突发厂界超标噪声，按等效声级和峰值噪声两种指标中超标分贝值高的一项计算应纳税额
		超标4~6分贝	每月700元	
		超标7~9分贝	每月1400元	
		超标10~12分贝	每月2800元	
		超标13~15分贝	每月5600元	
		超标16分贝以上	每月11200元	

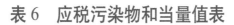

表 6　应税污染物和当量值表

一、第一类水污染物污染当量值

污染物	污染当量值（千克）
1.总汞	0.0005
2.总镉	0.005
3.总铬	0.04
4.六价铬	0.02
5.总砷	0.02
6.总铅	0.025
7.总镍	0.025
8.苯并（α）芘	0.0000003
9.总铍	0.01
10.总银	0.02

二、第二类水污染物污染当量值

污染物	污染当量值（千克）	备注
11.悬浮物（SS）	4	
12.生化需氧量（BOD$_5$）	0.5	同一排放口中的化学需氧量、生化需氧量和总有机碳，只征收一项
13.化学需氧量（COD$_{cr}$）	1	
14.总有机碳（TOC）	0.49	
15.石油类	0.1	
16.动植物油	0.16	
17.挥发酚	0.08	
18.总氰化物	0.05	
19.硫化物	0.125	
20.氨氮	0.8	
21.氟化物	0.5	
22.甲醛	0.125	
23.苯胺类	0.2	
24.硝基苯类	0.2	

（续）

污染物	污染当量值（千克）	备注
25.阴离子表面活性剂（LAS）	0.2	
26.总铜	0.1	
27.总锌	0.2	
28.总锰	0.2	
29.彩色显影剂（CD-2）	0.2	
30.总磷	0.25	
31.单质磷（以P计）	0.05	
32.有机磷农药（以P计）	0.05	
33.乐果	0.05	
34.甲基对硫磷	0.05	
35.马拉硫磷	0.05	
36.对硫磷	0.05	
37.五氯酚及五酚钠（以五氯酚计）	0.25	
38.三氯甲烷	0.04	
39.可吸附有机卤化物（AOX）（以Cl计）	0.25	
40.四氯化碳	0.04	
41.三氯乙烯	0.04	
42.四氯乙烯	0.04	
43.苯	0.02	
44.甲苯	0.02	
45.乙苯	0.02	
46.邻-二甲苯	0.02	
47.对-二甲苯	0.02	
48.间-二甲苯	0.02	
49.氯苯	0.02	
50.邻二氯苯	0.02	
51.对二氯苯	0.02	
52.对硝基氯苯	0.02	
53.2，4-二硝基氯苯	0.02	
54.苯酚	0.02	
55.间-甲酚	0.02	
56.2，4-二氯酚	0.02	
57.2，4，6-三氯酚	0.02	
58.邻苯二甲酸二丁酯	0.02	
59.邻苯二甲酸二辛酯	0.02	
60.丙烯氰	0.125	
61.总硒	0.02	

（续）

三、pH 值、色度、大肠菌群数、余氯量水污染物污染当量值

污染物		污染当量值	备注
1.pH值	1.0~1，13~14 2.1~2，12~13 3.2~3，11~12 4.3~4，10~11 5.4~5，9~10 6.5~6	0.06吨污水 0.125吨污水 0.25吨污水 0.5吨污水 1吨污水 5吨污水	pH值5~6指大于等于5，小于6；pH值9~10指大于9，小于等于10，其余类推
2.色度		5吨水·倍	
3.大肠菌群数（超标）		3.3吨污水	大肠菌群数和余氯量只征收一项
4.余氯量（用氯消毒的医院废水）		3.3吨污水	

四、禽畜养殖业、小型企业和第三产业水污染物污染当量值

类型		污染当量值	备注
禽畜养殖场	1.牛	0.1头	仅对存栏规模大于50头牛、500头猪、5000羽鸡鸭等的禽畜养殖场征收
	2.猪	1头	
	3.鸡、鸭等家禽	30羽	
4.小型企业		1.8吨污水	
5.饮食娱乐服务业		0.5吨污水	
6.医院	消毒	0.14床	医院病床数大于20张的按照本表计算污染当量
		2.8吨污水	
	不消毒	0.07床	
		1.4吨污水	

注：本表仅适用于计算无法进行实际监测或者物料衡算的禽畜养殖业、小型企业和第三产业等小型排污者的水污染物污染当量数。

五、大气污染物污染当量值

污染物	污染当量值（千克）
1.二氧化硫	0.95
2.氮氧化物	0.95
3．一氧化碳	16.7
4．氯气	0.34
5.氯化氢	10.75
6.氟化物	0.87
7.氰化物	0.005
8.硫酸雾	0.6
9.铬酸雾	0.0007
10.汞及其化合物	0.0001

（续）

污染物	污染当量值（千克）
11.一般性粉尘	4
12.石棉尘	0.53
13.玻璃棉尘	2.13
14.碳黑尘	0.59
15.铅及其化合物	0.02
16.镉及其化合物	0.03
17.铍及其化合物	0.0004
18.镍及其化合物	0.13
19.锡及其化合物	0.17
20.烟尘	2.18
21.苯	0.05
22.甲苯	0.18
23.二甲苯	0.27
24.苯并（a）芘	0.000002
25.甲醛	0.09
26.乙醛	0.45
27.丙烯醛	0.06
28.甲醇	0.67
29.酚类	0.35
30.沥青烟	0.19
31.苯胺类	0.21
32.氯苯类	0.72
33.硝基苯	0.17
34.丙烯腈	0.22
35.氯乙烯	0.55
36.光气	0.04
37.硫化氢	0.29
38.氨	9.09
39．三甲胺	0.32
40.甲硫醇	0.04
41.甲硫醚	0.28
42.二甲二硫	0.28
43.苯乙烯	25
44.二硫化碳	20

（续）

中国森林生态系统服务评估及其价值化实现路径设计

王兵　牛香　宋庆丰

习近平总书记在《关于〈中共中央关于全面深化改革若干重大问题的决定〉的说明》中提到山水林田湖是一个生命共同体，人的命脉在田，田的命脉在水，水的命脉在山，山的命脉在土，土的命脉在树。由此可以看出，森林高居山水林田湖生命共同体的顶端，在2500年前的《贝叶经》中也把森林放在了人类生存环境的最高位置，即：有林才有水，有水才有田，有田才有粮，有粮才有人。森林生态系统是维护地球生态平衡最主要的一个生态系统，在物质循环、能量流动和信息传递方面起到了至关重要的作用。特别是森林生态系统服务发挥的"绿色水库""绿色碳库""净化环境氧吧库"和"生物多样性基因库"四个生态库功能，为经济社会的健康发展尤其是人类福祉的普惠提升提供了生态产品保障。目前，如何核算森林生态功能与其服务的转化率以及价值化实现，并为其生态产品设计出科学可行的实现路径，正是当今研究的重点和热点。本文将基于大量的森林生态系统服务评估实践，开展价值化实现路径设计研究，为"绿水青山"向"金山银山"转化提供可复制、可推广的范式。

森林生态系统服务评估技术体系

利用森林生态系统连续观测与清查体系（以下简称"森林生态连清体系"，图1），基于以中华人民共和国国家标准为主体的森林生态系统服务监测评估标准体系，获取森林资源数据和森林生态连清数据，再辅以社会公共数据进行多数据源耦合，按照分布式测算方法，开展森林生态系统服务评估。

森林生态连清技术体系

森林生态连清体系是以生态地理区划为单位，以国家现有森林生态站为依托，采用长期定位观测技术和分布式测算方法，定期对同一森林生态系统进行重复的全指标体系观测与清查的技术。它可以配合国家森林资源连续清查（以下简称"森林资源连清"），形成国家森林资源清查综合调查新体系，用以评价一定时期内森林生态系统的质量状况。森林生态连清体系将森林资源清查、生态参数观测调查、指标体系和价值评估方法集于一套框架中,即通过合理布局来制定实现评估区域森林生态系统特征的代表性,又通过标准体系来规范从观测、分析、测算评估等各阶段工作。这一套体系是在耦合森林资源数据、生态连清数据和社会经济价格数据的基础上,在统一规范的框架下完成对森林生态系统服务功能的评估。

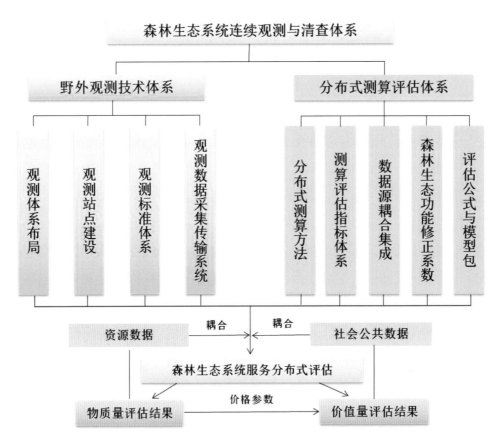

图1 森林生态系统服务连续观测与清查体系框架

评估数据源的耦合集成

第一,森林资源连清数据。依据《森林资源连续清查技术规程》(GB/T 38590—2020),从森林资源自身生长、分布规律和特点出发,结合我国国情、林情和森林资源管理特点,采用抽样调查技术和以"3S"技术为核心的现代信息技术,以省份为控制总体,通过固定样地设置和定期实测的方法,以及国家林业和草原局对不同省份具体时间安排,定期对森林资源调查所涉及到的所有指标进行清查。目前,全国已经开展了9次全国森林资源清查。

第二,森林生态连清数据。依据《森林生态系统定位观测指标体系》(GB/T 35377—2017)和《森林生态系统长期定位观测方法》(GB/T 33027—2016),来自全国森林生态站、辅助观测点和大量固定样地的长期监测数据。森林生态站监测网络布局是以典型抽样为指导思想,以全国水热分布和森林立地情况为布局基础,辅以重点生态功能区和生物多样性优先保护区,选择具有典型性、代表性和层次性明显的区域完成森林生态网络布局。

第三，社会公共数据。社会公共数据来源于我国权威机构所公布的社会公共数据，包括《中国水利年鉴》《中华人民共和国水利部水利建筑工程预算定额》、中国农业信息网(http://www.agri.gov.cn/)、卫生部网站（http://wsb.moh.gov.cn/）、《中华人民共和国环境保护税法》中的《环境保护税税目税额表》。

标准体系

由于森林生态系统长期定位观测涉及不同气候带、不同区域，范围广、类型多、领域多、影响因素复杂，这就要求在构建森林生态系统长期定位观测标准体系时，应综合考虑各方面因素，紧扣林业生产的最新需求和科研进展，既要符合当前森林生态系统长期定位观测研究需求，又具有良好的扩充和发展的弹性。通过长期定位观测研究经验的积累，并借鉴国内外先进的野外观测理念，构建了包括三项国家标准（GB/T 33027—2016、GB/T 35377—2017 和 GB/T 38582—2020）在内的森林生态系统长期定位观测标准体系（图 2），涵盖观测站建设、观测指标、观测方法、数据管理、数据应用等方面，确保了各生态站所提供生态观测数据的准确性和可比性，提升了生态观测网络标准化建设和联网观测研究能力。

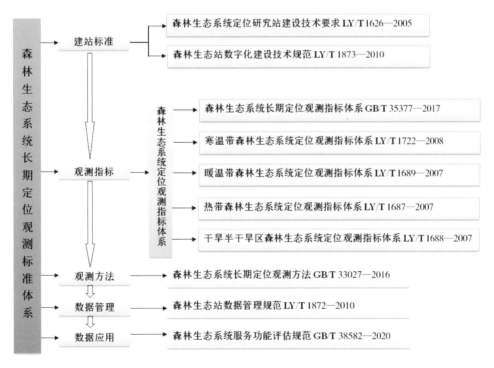

图 2　森林生态系统长期定位观测标准体系

分布式测算方法

森林生态系统服务评估是一项非常庞大、复杂的系统工程，很适合划分成多个均质化的生态测算单元开展评估。因此，分布式测算方法是目前评估森林生态系统服务所采用的一种较为科学有效的方法，通过诸多森林生态系统服务功能评估案例也证实了分布式测算方法能够保证结果的准确性及可靠性。

分布式测算方法的具体思路如下：第一，将全国（香港、澳门、台湾除外）按照省级行政区划分为第 1 级测算单元；第二，在每个第 1 级测算单元中按照林分类型划分成第 2 级测算单元；第三，在每个第 2 级测算单元中，再按照起源分为天然林和人工林第 3 级测算单元；第四，在每个第 3 级测算单元中，再按照林龄组划分为幼龄林、中龄林、近熟林、成熟林、过熟林第 4 级测算单元，结合不同立地条件的对比观测，最终确定若干个相对均质化的森林生态连清数据汇总单元。

基于生态系统尺度的定位实测数据，运用遥感反演、模型模拟（如 IBIS—集成生物圈模型）等技术手段，进行由点到面的数据尺度转换。将点上实测数据转换至面上测算数据，即可得到森林生态连清汇总单元的测算数据，将以上均质化的单元数据累加的结果即为汇总结果。

多尺度多目标森林生态系统服务评估实践

全国尺度森林生态系统服务评估实践

在全国尺度上，以全国历次森林资源清查数据和森林生态连清数据（森林生态站、生态效益监测点以及 1 万余个固定样地的长期监测数据）为基础，利用分布式测算方法，开展了全国森林生态系统服务评估。其中，2009 年 11 月 17 日，基于第七次全国森林资源清查数据的森林生态系统服务评估结果公布，全国生态服务功能价值量为 10.01 万亿元 / 年；2014 年 10 月 22 日，原国家林业局和国家统计局联合公布了第二期（第八次森林资源清查数据）全国森林生态系统服务评估总价值量为 12.68 万亿元 / 年；最新一期（第九次森林资源清查）全国森林生态系统服务评估总价值量为 15.88 万亿元 / 年。《中国森林资源及其生态功能四十年监测与评估》研究结果表明：近 40 年间，我国森林生态功能显著增强，其中，固碳量、释氧量和吸收污染气体量实现了倍增，其他各项功能增长幅度也均在 70% 以上。

省域尺度森林生态系统服务评估实践

在全国选择 60 个省级及代表性地市、林区等开展森林生态系统服务评估实践，评估结果以"中国森林生态系统连续观测与清查及绿色核算"系列丛书的形式向社会公布。该丛书包括了我国省级及以下尺度的森林生态连清及价值评估的重要成果，展示了森林生态连清在我国的发展过程及其应用案例，加快了森林生态连清的推广和普及，使人们更加深入地了解了森林生态连清体系在当代生态文明中的重要作用，并把"绿水青山价值多少金山银山"这本账算得清清楚楚。

省级尺度上，如安徽卷研究结果显示，安徽省森林生态系统服务总价值为 4804.79 亿元 / 年，

相当于 2012 年安徽省 GDP（20849 亿元）的 23.05%，每公顷森林提供的价值平均为 9.60 万元／年。代表性地市尺度上，如在呼伦贝尔国际绿色发展大会上公布的 2014 年呼伦贝尔市森林生态系统服务功能总价值量为 6870.46 亿元，相当于该市当年 GDP 的 4.51 倍。

林业生态工程监测评估国家报告

基于森林生态连清体系，开展了我国林业重大生态工程生态效益的监测评估工作，包括：退耕还林（草）工程和天然林资源保护工程。退耕还林（草）工程共开展了 5 期监测评估工作，分别针对退耕还林 6 个重点监测省份、长江和黄河流域中上游退耕还林工程、北方沙化土地的退耕还林工程、退耕还林工程全国实施范围、集中连片特困地区退耕还林工程开展了工程生态效益、社会效益和经济效益的耦合评估。针对天然林资源保护工程，分别在东北、内蒙古重点国有林区和黄河流域上中游地区开展了 2 期天然林资源保护工程效益监测评估工作。

森林生态系统服务价值化实现路径设计

生态产品价值实现的实质就是生态产品的使用价值转化为交换价值的过程，张林波等在国内外生态文明建设实践调研的基础上，从生态产品使用价值的交换主体、交换载体、交换机制等角度，归纳形成 8 大类和 22 小类生态产品价值实现的实践模式或路径。结合森林生态系统服务评估实践，我们将 9 项功能类别与 8 大类实现路径建立了功能与服务转化率高低和价值化实现路径可行性的大小关系（图 3）。生态系统服务价值化实现路径可分为就地实现和迁地实现。就地实现为在生态系统服务产生区域内完成价值化实现，例如，固碳释氧、净化大气环境等生态功能价值化实现；迁地实现为在生态系统服务产生区域之外完成价值化实现，例如，大江大河上游森林生态系统涵养水源功能的价值化实现需要在中、下中游予以体现。基于建立的功能与服务转化率高低和价值化实现路径可行性的大小关系，以具体研究案例进行生态系统服务价值化实现路径设计，具体研究内容如下：

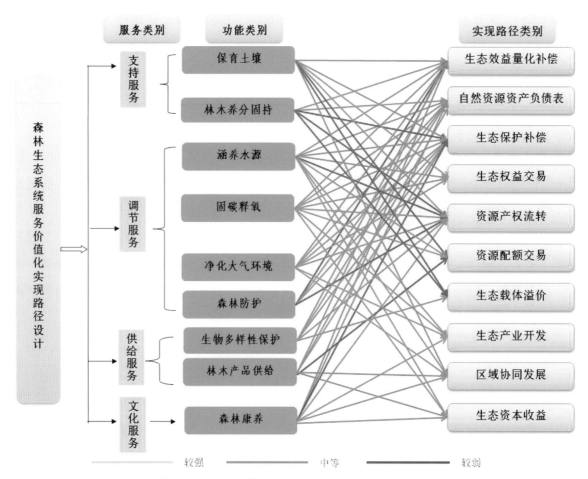

图3   森林生态系统服务价值化实现路径设计

森林生态效益精准量化补偿实现路径

森林生态效益科学量化补偿是基于人类发展指数的多功能定量化补偿，结合了森林生态系统服务和人类福祉的其他相关关系，并符合不同行政单元财政支付能力的一种对森林生态系统服务提供者给予的奖励。探索开展生态产品价值计量，推动横向生态补偿逐步由单一生态要素向多生态要素转变，丰富生态补偿方式，加快探索"绿水青山就是金山银山"的多种现实转化路径。

例如，内蒙古大兴安岭林区森林生态系统服务功能评估，利用人类发展指数，从森林生态效益多功能定量化补偿方面进行了研究，计算得出森林生态效益定量化补偿系数、财政相对能力补偿指数、补偿总量及补偿额度。结果表明：森林生态效益多功能生态效益补偿额度为 15.52 元 /（亩·年），为政策性补偿额度（平均每年每亩 5 元）的 3 倍。由于不同优势树种（组）的生态系统服务存在差异，在生态效益补偿上也应体现出差别，经计算得出：主要优势树种（组）生态效益补偿分配系数介于 0.07% ~ 46.10%，补偿额度最高的为枫桦 303.53 元 / 公顷，其次为其他硬阔类 299.94 元 / 公顷。

自然资源资产负债表编制实现路径

目前，我国正大力推进的自然资源资产负债表编制工作，这是政府对资源节约利用和生态环境保护的重要决策。根据国内外研究成果，自然资源资产负债表包括 3 个账户，分别为一般资产账户、森林资源资产账户和森林生态系统服务账户。

例如，内蒙古自治区在探索编制负债表的进程中，先行先试，率先突破，探索出了编制森林资源资产负债表的可贵路径，使国家建立这项制度、科学评价领导干部任期内的生态政绩和问责成为了可能。内蒙古自治区为客观反映森林资源资产的变化，编制负债表时以翁牛特旗高家梁乡、桥头镇和亿合公镇 3 个林场为试点创新性地分别设立了 3 个账户，即一般资产账户、森林资源资产账户和森林生态系统服务账户，还创新了财务管理系统管理森林资源，使资产、负债和所有者权益的恒等关系一目了然。3 个林场的自然资源价值量分别为：5.4 亿元、4.9 亿元和 4.3 亿元，其中，3 个试点林场生态服务服务总价值为 11.2 亿元，林地和林木的总价值为 3.4 亿元。

退耕还林工程生态环境保护补偿与生态载体溢价价值化实现路径

退耕还林工程就是从保护生态环境出发，将水土流失严重的耕地，沙化、盐碱化、石漠化严重的耕地以及粮食产量低而不稳的耕地，有计划、有步骤地停止耕种，因地制宜地造林种草，恢复植被。集中连片特困区的退耕还林工程既是生态修复的"主战场"，也是国家扶贫攻坚的"主战场"。退耕还林作为"生态扶贫"的重要内容和林业扶贫"四个精准"举措之一，在全面打赢脱贫攻坚战中承担了重要职责，发挥了重要作用。经评估得出：退耕还林工程在集中连片特困区产生了明显的社会和经济效益。

1. 退耕还林工程生态保护补偿价值化实现路径

生态保护补偿狭义上是指政府或相关组织机构从社会公共利益出发向生产供给公共性生态产品的区域或生态资源产权人支付的生态保护劳动价值或限制发展机会成本的行为，是公共性生态产品最基本、最基础的经济价值实现手段。

退耕还林工程实施以来，退耕农户从政策补助中户均直接收益 9800 多元，占退耕农民人均纯收入的 10%，宁夏一些县级行政区达到了 45% 以上。截至 2017 年年底，集中连片特困地区的 341 个被监测县级行政区共有 1108.31 万个农户家庭参与了退耕还林工程，占这些地方农户总数的 30.54%，农户参与数分别为 1998 年和 2007 年的 369 倍和 2.50 倍，所占比重分别比 1998 年和 2007 年上升了 23.32 个百分点和 14.42 个百分点。黄河流域的六盘山区和吕梁山区属于集中连片特困地区，参与退耕还林工程的农户数分别为 16.69 万户和 31.50 万户，参与率分别为 20.92% 和 38.16%。通过政策性补助的方式，提升了参与农户的收入水平。

2. 退耕还林工程生态产品溢价价值化实现路径

一是以林脱贫的长效机制开始建立。新一轮退耕还林工程不限定生态林和经济林比例，农户根据自己意愿选择树种，这有利于实现生态建设与产业建设协调发展，生态扶贫和精准扶贫齐头并进，以增绿促增收，奠定了农民以林脱贫的资源基础。据监测结果显示，样本户的退耕林木有六成以上已成林，且90%以上长势良好，三成以上的农户退耕地上有收入。甘肃省康县平洛镇瓦舍村是建档立卡贫困村，2005年通过退耕还林种植530亩核桃，现在每株可挂果8千克，每亩收入可达2000元，贫困户人均增收2200元。

二是实现了绿岗就业。首先，实现了农民以林就业，2017年样本县农民在退耕林地上的林业就业率为8.01%，比2013年增加了2.26个百分点。自2016年开始，中央财政安排20亿元购买生态服务，聘用建档立卡贫困群众为生态护林员。一些地方政府把退耕还林工程与生态护林员政策相结合，通过购买劳务的方式，将一批符合条件的贫困退耕人口转化为生态护林员，并积极开发公益岗位，促进退耕农民就业。

三是培育了地区新的经济增长点。第一，林下经济快速发展。2017年，集中连片特困地区监测县在退耕地上发展的林下种植和林下养殖产值分别达到434.3亿元和690.1亿元，分别比2007年增加了3.37倍和5.36倍。宁夏回族自治区彭阳县借助退耕还林工程建设，大力发展林下生态鸡，探索出"合作社＋农户＋基地"的模式，建立产销一条龙的机制，直接经济收入达到了4000万元。第二，中药材和干鲜果品发展成绩突出。2017年，集中连片特困地区监测县在退耕地上种植的中药材和干鲜果品的产量分别为34.4万吨和225.2万吨，与2007年相比，在退耕地上发展的中药材增长了5.97倍，干鲜果品增长了5.54倍。第三，森林旅游迅猛发展。2017年集中连片特困地区监测县的森林旅游人次达到了4.8亿人次，收入达到了3471亿元，是2007年的4倍、1998年的54倍。

绿色水库功能区域协同发展价值化实现路径

区域协同发展是指公共性生态产品的受益区域与供给区域之间通过经济、社会或科技等方面合作实现生态产品价值的模式，是有效实现重点生态功能区主体功能定位的重要模式，是发挥中国特色社会主义制度优势的发力点。

潮白河发源于河北省承德市丰宁县和张家口市沽源县，经密云水库的泄水分两股进入潮白河系，一股供天津生活用水；一股流入北京市区，是北京重要水源之一。根据《北京市水资源公报（2015）》，北京市2015年对潮白河的截流量为2.21亿立方米，占北京当年用水量（38.2亿立方米）的5.79%。同年，张承地区潮白河流域森林涵养水源的"绿色水库功能"为5.28亿立方米，北京市实际利用潮白河流域森林涵养水源量占其"绿色水库功能"的41.83%。

滦河发源地位于燕山山脉的西北部，向西北流经沽源县，经内蒙古自治区正蓝旗转向东南又进入河北省丰宁县。河流蜿蜒于峡谷之间，至潘家口越长城，经罗家屯龟口峡谷入冀东平原，最终注入渤海。根据《天津市水资源公报（2015）》，2015年，天津市引滦调水量为 4.51 亿立方米，占天津市当年用水量（23.37 亿立方米）的 19.30%。同年，张承地区滦河流域森林涵养水源的"绿色水库功能"为 25.31 亿立方米 / 年，则天津市引滦调水量占其滦河流域森林"绿色水库功能"的 17.81%。

作为京津地区的生态屏障，张承地区森林生态系统对京津地区水资源安全起到了非常重要的作用。森林涵养的水源通过潮白河、滦河等河流进入京津地区，缓解了京津地区水资源压力。京津地区作为水资源生态产品的下游受益区，应该在下游受益区建立京津—张承协作共建产业园，这种异地协同发展模式不仅保障了上游水资源生态产品的持续供给，同时为上游地区提供了资金和财政收入，有效地减少了上游地区土地开发强度和人口规模，实现了上游重点生态功能区定位。

净化水质功能资源产权流转价值化实现路径

资源产权流转模式是指具有明确产权的生态资源通过所有权、使用权、经营权、收益权等产权流转实现生态产品价值增值的过程，实现价值的生态产品既可以是公共性生态产品，也可以是经营性生态产品。

在全面停止天然林商业性采伐后，吉林省长白山森工集团面临着巨大的转型压力，但其森林生态系统服务是巨大的，尤其是在净化水质方面，其优质的水资源已经被人们所关注。森工集团天然林年涵养水源量为 48.75 亿立方米 / 年，这部分水资源大部分会以地表径流的方式流出森林生态系统，其余的以入渗的方式补给了地下水，之后再以泉水的方式涌出地表，成为优质的水资源。农夫山泉在全国有 7 个水源地，其中之一便位于吉林长白山。吉林长白山森工集团有自有的矿泉水品牌——泉阳泉，水源也全部来自于长白山。

根据"农夫山泉吉林长白山有限公司年产 99.88 万吨饮用天然水生产线扩建项目"环评报告（2015 年 12 月），该地扩建之前年生产饮用矿泉水 80.12 万吨，扩建之后将会达到 99.88 万吨 / 年，按照市场上最为常见的农夫山泉瓶装水（550 毫升）的销售价格（1.5 元），将会产生 27.24 亿元 / 年的产值。"吉林森工集团泉阳泉饮品有限公司"官方网站数据显示，其年生产饮用矿泉水量为 200 万吨，按照市场上最为常见的泉阳泉瓶装水（600 毫升）的销售价格（1.5 元），年产值将会达到 50.00 亿元。由于这些产品绝大部分是在长白山地区以外实现的价值，则其价值化实现路径属于迁地实现。

农夫山泉和泉阳泉年均灌装矿泉水量为 299.88 万吨，仅占长白山林区多年平均地下水天然补给量的 0.41%，经济效益就达到了 81.79 亿元 / 年。这种以资源产权流转模式的价值化实现路径，能够进一步推进森林资源的优化管理，也利于生态保护目标的实现。

绿色碳库功能生态权益交易价值化实现路径

森林生态系统是通过植被的光合作用，吸收空气中的二氧化碳，进而开始了一系列生物学过程，释放氧气的同时，还产生了大量的负氧离子、萜烯类物质和芬多精等，提升了森林空气环境质量。生态权益交易是指生产消费关系较为明确的生态系统服务权益、污染排放权益和资源开发权益的产权人和受益人之间直接通过一定程度的市场化机制实现生态产品价值的模式，是公共性生态产品在满足特定条件成为生态商品后直接通过市场化机制方式实现价值的唯一模式，是相对完善成熟的公共性生态产品直接市场交易机制，相当于传统的环境权益交易和国外生态系统服务付费实践的合集。

森林生态系统通过"绿色碳汇"功能吸收固定空气中的二氧化碳，起到了弹性减排的作用，减轻了工业减排的压力。通过测算可知广西壮族自治区森林生态系统固定二氧化碳量为 1.79 亿吨 / 年，但其同期工业二氧化碳排放量为 1.55 亿吨，所以，广西壮族自治区工业排放的二氧化碳完全可以被森林所吸收，其生态系统服务转化率达到了 100%，实现了二氧化碳零排放，固碳功能价值化实现路径则为完成了就地实现路径，功能与服务转化率达到了 100%。而其他多余的森林碳汇量则为华南地区的周边地区提供了碳汇功能，比如广东省。这样，两省（区）之间就可以实现优势互补。因此，广西壮族自治区森林在华南地区起到了绿色碳库的作用。广西壮族自治区政府可以采用生态权益交易中污染排放权益模式，将森林生态系统"绿色碳库"功能以碳封存的方式放到市场上交易，用于企业的碳排放权购买。利用工业手段捕集二氧化碳过程成本 200 ~ 300 元 / 吨，那么广西壮族自治区森林生态系统"绿色碳库"功能价值量将达到 358 亿 ~ 537 亿元 / 年。

森林康养功能生态产业开发价值化实现路径

生态产业开发是经营性生态产品通过市场机制实现交换价值的模式，是生态资源作为生产要素投入经济生产活动的生态产业化过程，是市场化程度最高的生态产品价值实现方式。生态产业开发的关键是如何认识和发现生态资源的独特经济价值，如何开发经营品牌提高产品的"生态"溢价率和附加值。

"森林康养"就是利用特定森林环境、生态资源及产品，配备相应的养生休闲及医疗、康体服务设施，开展以修身养心、调适机能、延缓衰老为目的的森林游憩、度假、疗养、保健、休闲、养老等活动的统称。

从森林生态系统长期定位研究的视角切入，与生态康养相融合，开展的五大连池森林氧吧监测与生态康养研究，依照景点位置、植被典型性、生态环境质量等因素，将五大连池风景区划分为 5 个一级生态康养功能区划，分别为氧吧—泉水—地磁生态康养功能区、氧吧—泉水生态康养功能区、氧吧—地磁生态康养功能区、氧吧生态康养功能区和生态休闲区，其中氧吧—泉水—地磁生态康养功能区和氧吧—地磁生态康养功能区所占面积较大，占区域总面积的 56.93%，氧吧—泉水—地磁生态康养功能区所包含的药泉、卧虎山、药泉山和格拉球山等景区。

2017年，五大连池风景区接待游客163万人次，接纳国内外康疗和养老人员25万人次，占旅游总人数的15.34%，由于地理位置优势，俄罗斯康疗和养老人员9万人次，占康疗和养老人数的36%。有调查表明，37%的俄罗斯游客有4次以上到五大连池疗养的体验，这些重游的俄罗斯游客不仅自己会多次来到五大连池，还会将五大连池宣传介绍给亲朋好友，带来更多的游客，有75%的俄罗斯游客到五大连池旅游的主要目的是为了医疗养生，可见五大连池吸引俄罗斯游客的还是医疗养生。

五大连池景区管委会应当利用生态产业开发模式，以生态康养功能区划为目标，充分利用氧吧、泉水、地磁等独特资源，大力推进五大连池森林生态康养产业的发展，开发经营品牌提高产品的"生态"溢价率和附加值。

沿海防护林防护功能生态保护补偿价值化实现路径

海岸带地区是全球人口、经济活动和消费活动高度集中的地区，同时也是海洋自然灾害最为频繁的地区。台风、洪水、风暴潮等自然灾害给沿海地区的生命安全和财产安全带来严重的威胁。沿海防护林能通过降低台风风速、削减波浪能和浪高、降低台风过程洪水的水位和流速，从而减少台风灾害，这就是沿海防护林的海岸防护服务。同时，海岸带是实施海洋强国战略的主要区域，也是保护沿海地区生态安全的重要屏障。

经过对秦皇岛市沿海防护林实地调查，其对于降低风对社会经济以及人们生产生活的损害，起到了非常重要的作用。通过评估得出：秦皇岛市沿海防护林面积为1.51万公顷，其沿海防护功能价值量为30.36亿元/年，占总价值量的7.36%。其中，4个国有林场的沿海防护功能价值量为8.43亿元/年，占全市沿海防护功能价值量的27.77%，但是其沿海防护林面积为5019.05公顷，占全市沿海防护林总面积的33.24%。那么，秦皇岛市可以考虑生态保护补偿中纵向补偿的模式，以上级政府财政转移支付为主要方式，对沿海防护林防护功能进行生态保护补偿，使沿海地区免遭或者减轻了风对于区域内生产生活基础设施的破坏，能够维持人们的正常生活秩序。

植被恢复区生态服务生态载体溢价价值化实现路径

以山东省原山林场为例，原山林场建场之初森林覆盖率不足2%，到处是荒山秃岭。但通过开展植树造林、绿化荒山的生态修复工程，原山林场经营面积由1996年的4.06万亩增加到2014年的4.40万亩，活力木蓄积量由8.07万立方米增长到了19.74万立方米，森林覆盖率由82.39%增加到94.4%。目前，原山林场森林生态系统服务总价值量为18948.04万元/年，其中以森林康养功能价值量最大，占总价值量的31.62%，森林康养价值实现路径为就地实现。

原山林场目前尝试了生态载体溢价的生态服务价值化实现路径，即旅游地产业，通过改善区域生态环境增加生态产品供给能力，带动区域土地房产增值是典型的生态产品直接载体溢价模式。另外，为了文化产业的发展，依托在植被恢复过程中凝聚出来的"原山精神"，已经在原山林场森林康养功能上实现了生态载体溢价。原山林场应结合目前以多种形式开展的"场外造林"活动，提升造林区域生态环境质量，结合自身成功的经营理念，更大限度地实现生态载体溢价的生态服务价值化。

展　望

　　根据研究结果 / 案例，在生态系统服务价值化实现路径方面开展更为详细的设计，使生态系统服务价值化实现逐步由理论走向实践。生态系统服务价值化实现的实质就是生态产品的使用价值转化为交换价值的过程。虽然生态产品基础理论尚未成体系，但国内外已经在生态系统服务价值化实现方面开展了丰富多彩的实践活动，形成了一些有特色、可借鉴的实践和模式。森林生态系统功能所产生的服务作为最普惠的生态产品，实现其价值转化具有重大的战略作用和现实意义。因此，建立健全生态系统服务实现机制，既是贯彻落实习近平生态文明思想、践行"绿水青山就是金山银山"理念的重要举措，也是坚持生态优先、推动绿色发展、建设生态文明的必然要求。

　　生态系统功能是生态系统服务的基础，它独立于人类而存在，生态系统服务则是生态系统功能中有利于人类福祉的部分。对于两者的理论关系认识较早，但迫于技术限制开展的研究相对较少，因此在现有森林生态系统功能与服务转化率研究结果的基础上，开展更为广泛的生态系统服务转化率的研究，进一步细化为就地转化和迁地转化，这也成为未来生态系统服务价值化实现途径的重要研究方向。

摘自：《环境保护》2020 年 14 期

基于全口径碳汇监测的中国森林碳中和能力分析

王兵　牛香　宋庆丰

碳中和已成为网络高频热词，百度搜索结果约 1 亿次！与其密切相关的森林碳汇也成为热词，搜索结果超过 1200 万次。最近的两组数据显示，我国森林面积和森林蓄积量持续增长将有效助力实现碳中和目标。第一组数据：2020 年 10 月 28 日，国际知名学术期刊《自然》发表的多国科学家最新研究成果显示，2010—2016 年我国陆地生态系统年均吸收约 11.1 亿吨碳，吸收了同时期人为碳排放量的 45%。该数据表明，此前中国陆地生态系统碳汇能力被严重低估；第二组数据：2021 年 3 月 12 日，国家林业和草原局新闻发布会介绍，我国森林资源中幼龄林面积占森林面积的 60.94%。中幼龄林处于高生长阶段，伴随森林质量不断提升，其具有较高的固碳速率和较大的碳汇增长潜力，这对我国碳达峰、碳中和具有重要作用。

我国森林生态系统碳汇能力之所以被低估，主要原因是碳汇方法学存在缺陷，即推算森林碳汇量采用的材积源生物量法是通过森林蓄积量增量进行计算的，而一些森林碳汇资源并未被统计其中。因此，本文将从森林碳汇资源和森林全口径碳汇入手，分析 40 年来中国森林全口径碳汇的变化趋势和累积成效，进一步明确林业在实现碳达峰与碳中和过程中的重要作用。

森林全口径碳汇的提出

在了解陆地生态系统特别是森林对实现碳中和的作用之前，需要明确两个概念，即森林碳汇与林业碳汇。森林碳汇是森林植被通过光合作用固定二氧化碳，将大气中的二氧化碳捕获、封存、固定在木质生物量中，从而减少空气中二氧化碳浓度。林业碳汇是通过造林、再造林或者提升森林经营技术增加的森林碳汇，可以进行交易。

目前推算森林碳汇量采用的材积源生物量法存在明显的缺陷，导致我国森林碳汇能力被低估。其缺陷主要体现在以下三方面。

其一，森林蓄积量没有统计特灌林和竹林，只体现了乔木林的蓄积量，而仅通过乔木林的蓄积量增量来推算森林碳汇量，忽略了特灌林和竹林的碳汇功能。表 1 为历次全国森林资源清查期间我国有林地及其分量（乔木林、经济林和竹林）面积的统计数据。我国有林地面积近 40 年增长了 10292.31 万公顷，增长幅度为 89.28%。有林地面积的增长主要来源于造林。

表 1　历次全国森林资源清查期间全国有林地面积

万公顷

清查期	年份	有林地			
		合计	乔木林	经济林	竹林
第二次	1977—1981年	11527.74	10068.35	1128.04	331.35
第三次	1984—1988年	12465.28	10724.88	1374.38	366.02
第四次	1989—1993年	13370.35	11370.00	1609.88	390.47
第五次	1994—1998年	15894.09	13435.57	2022.21	436.31
第六次	1999—2003年	16901.93	14278.67	2139.00	484.26
第七次	2004—2008年	18138.09	15558.99	2041.00	538.10
第八次	2009—2013年	19117.50	16460.35	2056.52	600.63
第九次	2014—2018年	21820.05	17988.85	3190.04	646.16

图 1 显示了历次全国森林资源清查期间的全国造林面积，造林面积均保持在 2000 万公顷 /5 年之上。Chi Chen 等的研究也证明了造林是我国增绿量居于世界前列的最主要原因。竹林是森林资源中固碳能力最强的植物，在固碳机制上，属于碳四（C_4）植物，而乔木林属于碳三（C_3）植物。虽然没有灌木林蓄积量的统计数据，但我国特灌林面积广袤，也具有显著的碳中和能力。近 40 年来，我国竹林面积处于持续的增长趋势，增长量为 309.81 万公顷，增长幅度为 93.49%；灌木林地（特灌林＋非特灌林灌木林）面积亦处于不断增长的过程中，近 40 年其面积增长了 5 倍（图 2）。

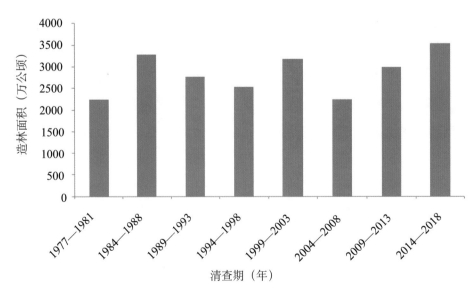

图 1　历次全国森林资源清查期间全国造林面积

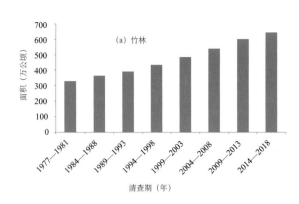
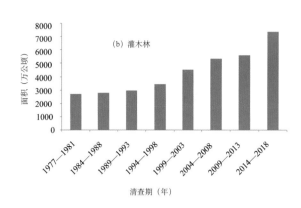

图 2　近 40 年我国竹林和灌木林面积变化

第九次全国森林资源清查结果显示，我国竹林面积 641.16 万公顷、特灌林面积 3192.04 万公顷。竹林是世界公认的生长最快的植物之一，具有爆发式可再生生长特性，蕴含着巨大的碳汇潜力，是林业应对气候变化不可或缺的重要战略资源。研究表明，毛竹年固碳量为 5.09 吨 / 公顷，是杉木林的 1.46 倍，是热带雨林的 1.33 倍，同时每年还有大量的竹林碳转移到竹材产品碳库中长期保存。灌木是森林和灌丛生态系统的重要组成部分，地上枝条再生能力强，地下根系庞大，具有耐寒、耐热、耐贫瘠、易繁殖、生长快的生物学特性。尤其是在干旱、半干旱地区，生长灌木林的区域是重要的生态系统碳库，对减少大气中二氧化碳含量具有重要作用。

其二，疏林地、未成林造林地、非特灌林灌木林、苗圃地、荒山灌丛、城区和乡村绿化散生林木也没在森林蓄积量的统计范围之内，它们的碳汇能力也被忽略了。图 3 展示了我国近 40 年来疏林地、未成林造林地和苗圃地面积的变化趋势。第九次全国森林资源清查结果显示，我国疏林地面积为 342.18 万公顷、未成林造林地面积为 699.14 万公顷、非特灌林灌木林面积为 1869.66 万公顷、苗圃地面积为 71.98 万公顷、城区和乡村绿化散生林木株数为 109.19 亿株（因散生林木具有较高的固碳速率，可以相当于 2000 万公顷森林资源的碳中和能力）。疏林地是指附着有乔木树种，郁闭度在 0.1~0.19 的林地，可以有效增加森林资源、扩大森林面积、改善生态环境的。其郁闭度过低的特点，恰恰说明其活立木种间和种内竞争比较微弱，而其生长速度较快的事实，又体现了其较强的碳汇能力。未成林造林地是指人工造林后，苗木分布均匀，尚未郁闭但有成林希望或补植后有成林希望的林地，是提升森林覆盖率的重要潜力资源之一，其处于造林的初始阶段，也是林木生长的高峰期，碳汇能力较强。苗圃地是繁殖和培育苗木的基地，由于其种植密度较大，碳密度必然较高。有研究表明，苗圃地碳密度明显高于未成林造林地和四旁树，其固碳能力不容忽视。城区和乡村绿化散生林木几乎不存在生长限制因子，生长速度更接近于生产力的极限，也意味着其固碳能力十分强大。

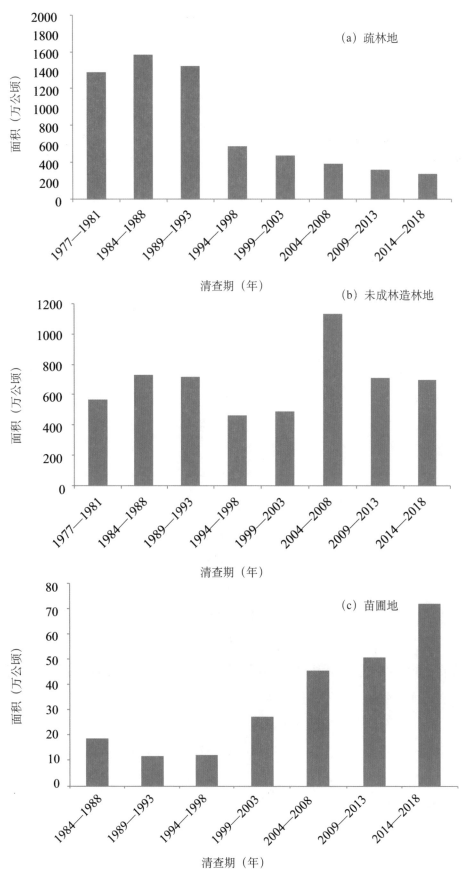

图3　近40年我国疏林地、未成林造林地、苗圃地面积变化

其三，森林土壤碳库是全球土壤碳库的重要组成部分，也是森林生态系统中最大的碳库。森林土壤碳含量占全球土壤碳含量的 73%，森林土壤碳含量是森林生物量的 2~3 倍，它们的碳汇能力同样被忽略了。土壤中的碳最初来源于植物通过光合作用固定的二氧化碳，在形成有机质后通过根系分泌物、死根系或者枯枝落叶的形式进入土壤层，并在土壤中动物、微生物和酶的作用下，转变为土壤有机质存储在土壤中，形成土壤碳汇。但是，森林土壤年碳汇量大部分集中在表层土壤（0~20 厘米），不同深度的森林土壤在年固碳量上存在差别，表层土壤（0~20 厘米）年碳汇量约比深层土壤（20~40 厘米）高出 30%，深层土壤中的碳属于持久性封存的碳，在短时间内保持稳定的状态，且有研究表明成熟森林土壤可发挥持续的碳汇功能，土壤表层 20 厘米有机碳浓度呈上升趋势。

基于以上分析和中国森林资源核算项目一期、二期、三期研究成果，本文提出了森林碳汇资源和森林全口径碳汇新理念。森林全口径碳汇能更全面地评估我国的森林碳汇资源，避免我国森林生态系统碳汇能力被低估，同时还能彰显出我国林业在碳中和中的重要地位。森林碳汇资源为能够提供碳汇功能的森林资源，包括乔木林、竹林、特灌林、疏林地、未成林造林地、非特灌林灌木林、苗圃地、荒山灌丛、城区和乡村绿化散生林木等。森林植被全口径碳汇＝森林资源碳汇（乔木林碳汇＋竹林碳汇＋特灌林碳汇）＋疏林地碳汇＋未成林造林地碳汇＋非特灌林灌木林碳汇＋苗圃地碳汇＋荒山灌丛碳汇＋城区和乡村绿化散生林木碳汇，其中，含 2.2 亿公顷森林生态系统土壤年碳汇增量。基于第九次全国森林资源清查数据，核算出我国森林全口径碳中和量为 4.34 亿吨，其中，乔木林植被层碳汇 2.81 亿吨、森林土壤碳汇 0.51 亿吨、其他森林植被层碳汇 1.02 亿吨（非乔木林）。

当前我国森林全口径碳汇在碳中和所发挥的作用

中国森林资源核算第三期研究结果显示，我国森林全口径碳汇每年达 4.34 亿吨碳当量。其中，黑龙江、云南、广西、内蒙古和四川的森林全口径碳汇量居全国前列，占全国森林全口径碳汇量的 43.88%。

在 2021 年 1 月 9 日召开的中国森林资源核算研究项目专家咨询论证会上，中国科学院院士蒋有绪、中国工程院院士尹伟伦肯定了森林全口径碳汇这一理念，对森林生态服务价值核算的理论方法和技术体系给予高度评价。尹伟伦表示，生态价值评估方法和理论，推动了生态文明时代森林资源管理多功能利用的基础理论工作和评价指标体系的发展。蒋有绪表示，固碳功能的评估很好地证明了中国森林生态系统在碳减排方面的重要作用，希望中国森林生态系统在碳中和任务中担当重要角色。

2020 年 3 月 15 日，习近平总书记主持召开的中央财经委员会第九次会议强调，2030 年前实现碳达峰，2060 年前实现碳中和，是党中央经过深思熟虑作出的重大战略决策，事关中华民族永续发展和构建人类命运共同体。如果按照全国森林全口径碳汇 4.34 亿吨碳当量折合 15.91 亿吨二氧化碳量计算，森林可以起到显著的固碳作用，对于生态文明建设整体布局具有重大的推进作用（图 4）。

图 4　全国森林全口径碳汇的碳中和作用

2020 年 9 月 27 日，生态环境部举行的"积极应对气候变化"政策吹风会介绍，2019 年我国单位国内生产总值二氧化碳排放量比 2015 年和 2005 年分别下降约 18.2% 和 48.1%，2018 年森林面积和森林蓄积量分别比 2005 年增加 4509 万公顷和 51.04 亿立方米，成为同期全球森林资源增长最多的国家。通过不断努力，我国已成为全球温室气体排放增速放缓的重要力量。目前，我国人工林面积达 7954.29 万公顷，为世界上人工林面积最大的国家，其约占天然林面积的 57.36%，但单位面积蓄积生长量为天然林的 1.52 倍，这说明我国人工林在森林碳汇方面起到了非常重要的作用。另外，我国森林资源中幼龄林面积占森林面积的 60.94%，中幼龄林处于高生长阶段，具有较高的固碳速率和较大的碳汇增长潜力。由此可见，森林全口径碳汇将对我国碳达峰、碳中和起到重要作用。

40 年以来我国森林全口径碳汇的变化趋势和累积成效

近 40 年来，我国森林全口径碳汇能力不断增强。在历次森林资源清查期，我国森林生态系统全口径碳汇量分别为 1.75 亿吨 / 年（第二次：1977—1981 年）、1.99 亿吨 / 年（第三次：1984—1988 年）、2.00 亿吨 / 年（第四次：1989—1993 年）、2.64 亿吨 / 年（第五次：1994—1998 年）、3.19 亿吨 / 年（第六次：1999—2003 年）、3.59 亿吨 / 年（第七次：2004—2008 年）、4.03 亿吨 / 年（第八次：2009—2013 年）、4.34 亿吨 / 年（第九次：2014—2018 年）（图 5）。从第二次森林资源清查开始，历次清查期间森林生态系统全口径碳汇能力提升幅度分别为 0.50%、32.00%、20.83%、12.54%、12.26%、7.69%。第九次森林资源清查期间，我国森林生态系统全口径碳汇能力较第二次森林资源清查期间增长了 2.59 亿吨 / 年，增长幅度为 148.00%。从图 5 中可以看出，乔木林、经济林、竹林和灌木林面积的增长对于我国森林全口径碳汇能力提升的作用明显，苗圃地面积和未成林造林地面积的增长对于我国森林全口径碳汇能力的作用同样重要。同时，疏林地面积处于不断减少的过程中，表明了疏林地经过科学合理的经营管理后，林地郁闭度得以提升，达到了森林郁闭度的标准，同样为我国森林全口径碳汇能力的增强贡献了物质基础。

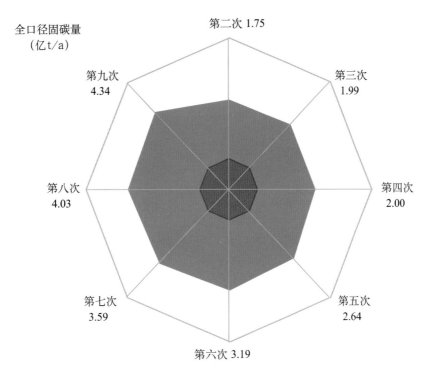

图 5　近 40 年我国森林全口径碳汇量变化

　　根据以上核算结果进行统计，计算得出近 40 年我国森林生态系统全口径碳汇总量为 117.70 亿吨碳当量，合 431.57 亿吨二氧化碳。根据中国统计年鉴统计数据，1978—2018 年，我国能源消耗总量折合成消费标准煤为 726.31 亿吨，利用碳排放转换系数可知我国近 40 年工业二氧化碳排放总量为 2002.36 亿吨。经对比得出，近 40 年我国森林生态系统全口径碳汇总量约占工业二氧化碳排放总量的 21.55%，也就意味着中和了 21.55% 的工业二氧化碳排放量。

结语

　　森林植被全口径碳汇包括森林资源碳汇（乔木林碳汇、竹林碳汇、特灌林碳汇）、疏林地碳汇、未成林造林地碳汇、非特灌林灌木林碳汇、苗圃地碳汇、荒山灌丛碳汇和城区和乡村绿化散生林木碳汇，能够避免采用材积源生物量法推算森林碳汇量存在的明显缺陷，有利于彰显林业在碳中和中的重要作用。基于第九次全国森林资源清查数据，核算出我国森林全口径碳中和量为 4.34 亿吨，其中，乔木林植被层碳汇 2.81 亿吨、森林土壤碳汇 0.51 亿吨、其他森林植被层碳汇 1.02 亿吨（非乔木林）。

　　森林植被的碳汇能力对于我国实现碳中和目标尤为重要。在实现碳达峰、碳中和过程中，除了大力推动经济结构、能源结构、产业结构转型升级外，还应进一步加强以完善森林生态系统结构与功能为主线的生态系统修复和保护措施。通过完善森林经营方式，加强对疏林地和未成林造林地的管理，使其快速地达到森林认定标准（郁闭度大于 0.2）。增强以森林生态系统为主体的森林全口径碳汇功能，加强绿色减排能力，提升林业在碳达峰与碳中和过程中的贡献，打造具有中国特色的碳中和之路。

摘自：《环境保护》2021 年 16 期

"中国山水林田湖草生态产品监测评估及绿色核算"系列丛书目录 *

1. 安徽省森林生态连清与生态系统服务研究，出版时间：2016 年 3 月

2. 吉林省森林生态连清与生态系统服务研究，出版时间：2016 年 7 月

3. 黑龙江省森林生态连清与生态系统服务研究，出版时间：2016 年 12 月

4. 上海市森林生态连清体系监测布局与网络建设研究，出版时间：2016 年 12 月

5. 山东省济南市森林与湿地生态系统服务功能研究，出版时间：2017 年 3 月

6. 吉林省白石山林业局森林生态系统服务功能研究，出版时间：2017 年 6 月

7. 宁夏贺兰山国家级自然保护区森林生态系统服务功能评估，出版时间：2017 年 7 月

8. 陕西省森林与湿地生态系统治污减霾功能研究，出版时间：2018 年 1 月

9. 上海市森林生态连清与生态系统服务研究，出版时间：2018 年 3 月

10. 辽宁省生态公益林资源现状及生态系统服务功能研究，出版时间：2018 年 10 月

11. 森林生态学方法论，出版时间：2018 年 12 月

12. 内蒙古呼伦贝尔市森林生态系统服务功能及价值研究，出版时间：2019 年 7 月

13. 山西省森林生态连清与生态系统服务功能研究，出版时间：2019 年 7 月

14. 山西省直国有林森林生态系统服务功能研究，出版时间：2019 年 7 月

15. 内蒙古大兴安岭重点国有林管理局森林与湿地生态系统服务功能研究与价值评估，出版时间：2020 年 4 月

16. 山东省淄博市原山林场森林生态系统服务功能及价值研究，出版时间：2020 年 4 月

17. 广东省林业生态连清体系网络布局与监测实践，出版时间：2020 年 6 月

18. 森林氧吧监测与生态康养研究——以黑河五大连池风景区为例，出版时间：2020 年 7 月

19. 辽宁省森林、湿地、草地生态系统服务功能评估，出版时间：2020 年 7 月

20. 贵州省森林生态连清监测网络构建与生态系统服务功能研究，出版时间：2020 年 12 月

---

* 本套丛书中 1 ～ 20 种原丛书名为"中国森林生态系统连续观测与清查及绿色核算"系列丛书

21．云南省林草资源生态连清体系监测布局与建设规划，出版时间：2021 年 8 月

22．云南省昆明市海口林场森林生态系统服务功能研究，出版时间：2021 年 9 月

23．"互联网＋生态站"：理论创新与跨界实践，出版时间：2021 年 11 月

24．东北地区森林生态连清技术理论与实践，出版时间：2021 年 11 月

25．天然林保护修复生态监测区划和布局研究，出版时间：2022 年 2 月

26．湖南省森林生态产品绿色核算，出版时间：2022 年 4 月